# Die Mineral-, Pflanzen- und Teerfarben

## Ihre Darstellung, Verwendung Erkennung und Echtheitsprüfung

von

**Dr. Hans Th. Bucherer**

Vorstand des wissenschaftlichen Laboratoriums der Farbenfabrik von Kalle & Co., A.G.
zu Biebrich a. Rh.
vormals a. o. Professor an der Techn. Hochschule zu Dresden

Mit 4 Tafeln

Leipzig
Verlag von Veit & Comp.
1911

Druck von Metzger & Wittig in Leipzig.

# Inhalt.

## A. Allgemeiner Teil.



## B. Besonderer Teil.

# A. Allgemeiner Teil.

## I. Einleitende Darlegungen aus dem Gebiete der Farbenlehre.

Das leuchtende Tagesgestirn, das wir Sonne nennen, ist uns auf Erden die Quelle aller lebendigen Kräfte. Dieselbe Sonne ist es, die, wie mit einem Zauberstabe, gleichsam aus dem Nichts, auf Feldern und Fluren reichliche Nahrung für Mensch und Tier hervorsprießen läßt, und von ihr, auf goldenen Strahlen, flutet das köstliche „Licht“ genannte Etwas zu uns hernieder, ohne das wir nicht sein können. Wo aber Licht ist, da gewahrt unser Auge auch Farben: das Grün der Wiesen und Wälder, das Blau des Himmelsdomes, den Purpur der Abendröte und alle die anderen Farbentöne in ihren unzähligen Abstufungen, mit denen die Natur ihre Werke so herrlich zu schmücken weiß und deren Pracht menschliche Kunst in heißem Bemühen nachzuahmen trachtet.

Obwohl wir das von der Sonne herrührende Licht gewöhnlich als weiß bezeichnen, so hat doch die genauere Untersuchung gelehrt daß das weiße Licht in eine Reihe von Farben aufgelöst werden kann, die durch fast unmerkliche Abstufungen ineinander übergehen. Man unterscheidet in der Regel sieben Hauptfarben: Rot, Orange, Gelb, Grün, Hellblau, Indigo und Violett, welche einen verschiedenen Grad der Brechbarkeit besitzen, und zwar sind die roten Strahlen die am wenigsten, die violetten die am stärksten brechbaren. Das aus weißem Licht durch geeignete Vorrichtungen (Spektralapparate) entstehende bunte Band, welches die Hauptfarben und ihre Übergänge in der eben genannten Reihenfolge deutlich erkennen läßt, nennt man ein Spektrum und die Farben selbst Spektralfarben. Diejenigen farbigen Strahlen, die sich im Spektralapparate nicht weiter zerlegen lassen, nennt man einfache oder homogene Strahlen, während die meisten natürlichen Körper, ähnlich wie die Sonne, eine Mischung verschiedener Strahlen in unser Auge gelangen lassen. Die Farben Rot, Gelb und Blau bezeichnet man als Grundfarben, während die Farben Orange, Grün und Violett den Übergang zwischen den eben genannten Grundfarben vermitteln. Ein wesentliches Unterscheidungsmerkmal zwischen den einzelnen Spektralfarben ist nicht nur ihr Ton, sondern auch ihre Schwingungszahl und ihre Wellenlänge, in analoger Weise, wie sich gemäß den Lehren der Akustik Töne von verschiedener Höhe durch ihre Wellenlänge und ihre Schwingungszahl voneinander unterscheiden. Farben, welche in ihrem Ton den reinen Spektralfarben genau entsprechen, lassen sich auf künstlichem Wege nicht herstellen, ein Umstand, der es erklärlich macht, warum durch Mischung künstlicher Farben sich niemals ein reines Weiß erzeugen läßt. Bemerkenswert ist übrigens, daß von den farbigen Strahlen, die im weißen Licht der Sonne enthalten sind und bei dessen Zerlegung das Spektrum bilden, nur ein Teil für das menschliche Auge sichtbar ist. Neben dem sichtbaren Rot befindet sich das für uns unsichtbare Ultrarot, neben dem Violett das unsichtbare Ultraviolett; die ultraroten Strahlen nennt man auch dunkle oder Wärme-Strahlen, die ultravioletten gelten als die chemisch wirksamen Strahlen, die z. B. bei der Erzeugung des photographischen Bildes mitwirken, und deren Vorhandensein man umgekehrt auch durch ihre Wirkung auf die photographische Platte nachweisen kann. Hiermit verhält es sich also analog wie mit den ganz tiefen und den ganz hohen Tönen, für deren Wahrnehmung unsere Hörorgane nicht eingerichtet sind. Während aber die für das menschliche Ohr wahrnehmbaren Töne etwa sieben Oktaven umfassen, erstreckt sich das sichtbare Spektrum nur über etwa eine Oktave, das ultrarote über etwa vier Oktaven, das ultraviolette Spektrum hingegen, trotz seiner großen räumlichen Ausdehnung, nur über das Intervall einer Quart.

Wird ein sichtbarer Körper von dem weißen Licht der Sonne beschienen, so wird ein Teil der farbigen Strahlen vernichtet oder absorbiert, während der Rest, der von der Oberfläche des Körpers reflektiert, oder, falls der Körper durchsichtig ist, von ihm durchgelassen wird, die natürliche Farbe des Körpers bedingt. Diejenigen Strahlen, die von dem farbigen Körper in unser Auge gelangen, bilden somit die Ergänzung derjenigen, die von dem gefärbt erscheinenden Gegenstand zurückgehalten oder vernichtet werden; beide Teile zusammen ergänzen sich zu Weiß. Zwei Farben, die, miteinander vermischt, Weiß geben, nennt man Komplementärfarben oder Ergänzungsfarben. Solche Komplementärfarben sind z. B. Rot und Blaugrün, Orange und Cyanblau, Gelb und Indigoblau, Gelbgrün und Violett. Zu einer gegebenen Farbe findet man die zugehörige Komplementärfarbe dadurch, daß man aus weißem Licht die gegebene Farbe absorbiert und die übrig bleibenden farbigen Strahlen miteinander vermischt. Demnach ist die natürliche Farbe eines Körpers nichts anderes als die Komplementärfarbe zu denjenigen farbigen Bestandteilen des von der beleuchtenden Lichtquelle ausgehenden weißen Lichtes, die durch Absorption zum Verschwinden gebracht worden sind. Diejenige Art der Analyse, welche die Erforschung der Zusammensetzung eines bestimmten Farbtones, d. h. die Feststellung der einzelnen an seiner Erzeugung beteiligten Spektralfarben zum Gegenstand hat, nennt man Spektralanalyse. Von ihr wird später in dem Abschnitte, der von der Erkennung der Farbstoffe handelt, die Rede sein (vgl. S. 120).

Unter den organischen Farbstoffen finden sich eine große Zahl von kristallisierten Körpern mit sogenannten Oberflächenfarben, d. h. die Körper zeigen im reflektierten Licht eine ganz andere Farbe als im durchgelassenen. Eine ganz analoge Erscheinung zeigen viele Farbstoffe auch in Lösung. Sie erscheinen nicht nur verschieden gefärbt, je nachdem ob das Licht auf- oder durchfällt, sondern selbst bei der Durchsicht gewahrt man zwei verschiedene Farben: Dichroismus.

Ein gewisser Parallelismus zwischen Licht- und Schallwellen besteht auch insofern, als den Harmonien der Töne auch gewisse Harmonien der Farben entsprechen, und zwar zeigt es sich, daß die Nebeneinanderstellung komplementärer Farben auf das Auge einen angenehmen Eindruck ausübt, während wir andererseits gewisse Farbenzusammenstellungen beinahe ebenso unangenehm empfinden wie die Dissonanz zweier Töne. Die oben erwähnte Eigenschaft der meisten natürlichen Körper, einen Teil der farbigen Strahlen des weißen, von der Sonne herrührenden Lichtes zu absorbieren, ist nun ein Umstand von der allergrößten Tragweite für die Entwicklung des Menschengeschlechts in ästhetischer, kultureller und gewerblicher Beziehung. Welchen Anblick böte uns die Natur ohne das Blau des Himmels und das Grün der Pflanzen, ohne das farbenprächtige Bild der Wolken im Abendsonnenschein, ohne die wechselnden Farben des Meeres und der Fluren und vor allem ohne die bunte Herrlichkeit der Blumen? Es ist leicht begreiflich, daß diese natürlichen Farbensymphonien, die zahllose Künstler von jeher mit Aufbietung aller ihrer geistigen Kräfte im Bilde festzuhalten bemüht gewesen sind, nicht ohne Einfluß auf die Farbenempfindung auch des primitiven Menschen geblieben sind und schon frühzeitig den Sinn für harmonische Farbenzusammenstellungen in ihm geweckt haben, zumal er nicht den Wandlungen und Launen einer törichten und tyrannischen Mode unterworfen war, sondern unbeirrt durch schädliche Einflüsse dem Vorbild der großen Lehrmeisterin Natur mit ihrem unerschöpflichen Reichtum an Vorwürfen, nicht nur in der Form, sondern auch in der Farbe, folgen konnte. Ob das Auge des primitiven Menschen, wie behauptet worden ist, für eine Reihe von Farben unempfindlich gewesen ist, wird sich wohl schwerlich jemals mit Sicherheit entscheiden lassen. Man darf aber wohl füglich bezweifeln, ob so hoch entwickelte Kulturvölker wie die Griechen, die Ägypter und die zahlreichen Völkerschaften, die so tiefgreifenden Einfluß auf den Gang der Geschichte ausübten, über ein so wenig ausgeprägtes Farbempfindungsvermögen verfügten, daß man annehmen dürfte, die Menschen jener Zeit hätten nur Rot und Gelb deutlich unterschieden, während sie Violett und Grünblau mit Schwarz und Grau verwechselten. Der Umstand, daß es im Altertum, wie sich aus den hinterlassenen Schriftwerken ergibt, an bestimmt unterscheidenden Farbenbezeichnungen gefehlt hat, kann für jene Annahme wohl kaum als ausreichend angesehen werden. Was z. B. die Farbenbezeichnung „purpurn“ anlangt, die in diesem Zusammenhang häufig angeführt worden ist, weil sie zur Bezeichnung der verschiedensten Töne gedient hat, die wir nach unserem derzeitigen Sprachgebrauch sicherlich nicht als „purpurn“ bezeichnen würden, so hat vor einigen Jahren A. Dedekind in sehr beachtenswerter Weise unter Anführung einer großen Zahl von Beispielen aus griechischen und lateinischen Schriftstellern darauf hingewiesen, daß das dem indogermanischen und nicht dem semitischen Sprachschatz entstammende Wort „purpurn“ im Griechischen und Lateinischen in einem doppelten Sinne angewandt wurde, einerseits als Ausdruck der Farbe (wobei es sich zeigt, daß „purpurn“ nicht nur Rot, sondern auch Violett, wie z. B. auch heute noch in England, und sogar Grün bedeuten konnte) und andererseits zur Bezeichnung des Glänzenden, Flimmernden, sich lebhaft Bewegenden, Wirbelnden. In ähnlicher Weise dürften auch die übrigen Rätsel, die heute noch die Farbenbezeichnungen der Alten uns unverständlich erscheinen lassen, ihre Lösung finden. Daß der Farbensinn der Ausbildung und Entwicklung fähig ist, soll damit nicht bestritten werden. Dagegen erscheint es wenig glaubhaft, daß die vorchristlichen Kulturvölker geradezu farbenblind gewesen sein sollen.

Jedoch nicht allein der mehr oder minder entwickelte Farbensinn, sondern auch praktische Bedürfnisse haben den Menschen sehr frühzeitig dazu geführt, durch willkürliche Farbengebung eine seinem Geschmack entsprechende Veränderung der Umwelt vorzunehmen, z. B. in allen denjenigen Fällen, in denen das ursprünglich gegebene, oder durch fortgesetzte Benutzung entstandene Aussehen seinen Wünschen und Anforderungen nicht mehr entsprach. Nicht nur die Schönheit ihrer eigenen Behausungen und die Wohnungen ihrer

Götter und Götzen galt es mit Hilfe der Farben zu gesteigerter Wirkung zu bringen, sondern auch Gebrauchsgegenstände, Waffen und vor allem die Bekleidung werden mit Farben verziert, und zum Schluß mußte sogar die eigene Haut für die Betätigung des Farbensinns herhalten. Die Geschichte der Färberei erstreckt sich daher bis in das graueste Altertum. Besonders kostbar waren gefärbte Stoffe, die der menschlichen Bekleidung zu dienen bestimmt waren. Die Inder, Ägypter, Perser und Syrer (Purpur von Tyrus) kannten die Kunst des Färbens schon seit alten Zeiten, und es scheint sogar, daß die dabei zur Anwendung gelangenden Methoden in einzelnen Fällen hoch entwickelt waren. Genauere Untersuchungen alter Gewebe lassen kaum einen Zweifel daran, daß z. B. die Methode des Färbens mit Hilfe von Metallsalzen (s. S. 96ff.) den Alten wohl bekannt war. In den Büchern Mosis ist ferner häufiger von gefärbten Geweben die Rede, deren Farbe mit Purpurn, Scharlach und Blau bezeichnet wird; für die Ausschmückung des Allerheiligsten und für die Gewänder der Hohenpriester war die auch heute noch für ähnliche Zwecke übliche Purpurfarbe vorgeschrieben, ein Farbenton, den wir heute mit Violett bezeichnen würden (vgl. S. 9 über den antiken Purpur).

## 2. Geschichtlicher Rückblick auf die in früheren Zeiten verwendeten Farbmaterialien und die damit erzeugten Färbungen.

Als Farbmaterial benutzten die Alten u. a. die bis in die Gegenwart hinein verwendeten Farbstoffe Krapp und Indigo, ferner Flechten, die ägyptische Akazie, die Kerne des Granatapfels, Alkanna und Ginster. Zum Beizen dienten die gerbsäurehaltigen Galläpfel und von mineralischen Stoffen Eisen-, Kupfer- und Tonerdesalze (Vitriole und Alaun). In den Stürmen der Völkerwanderung ging im Abendlande die Kenntnis mancher wertvoller Färbemethoden verloren, während im Morgenlande, das erst viele Jahrhunderte später dem Schwerte der Osmanen unterlag, die Kunst des Färbens weiter blühte. Der Handelsverkehr zwischen Morgen- und Abendland, vor allem die innige Berührung des Westens mit dem Osten zur Zeit der Kreuzzüge ließ die Kunst des Färbens im 12. und 13. Jahrhundert auch in den westlichen Ländern wieder aufleben. Besonders in Italien, z. B. in Florenz, gelangte sie zu neuer Blüte. Die Entdeckung Amerikas ermöglichte die Verwendung neuer Rohmaterialien, denen auch heute noch, trotz der künstlichen Teerfarbstoffe, eine gewisse Bedeutung zukommt. Es sind dies vor allem die Farbhölzer, ferner die Cochenille, das Quercitron, der

Orlean und andere. Nach Deutschland gelangten, ebenso wie nach England und Frankreich, neue Kenntnisse über die Kunst des Färbens durch die Vlamänder. Schon im frühen Mittelalter, zur Zeit Karls des Großen, kannte man den Krapp, den zerkleinerten Wurzelstock der Krapppflanze oder Färberröte (Rubia tinctorum) und den Indigo, den Farbstoff des Waids (Isatis tinctoria), der erst später durch den Farbstoff der Indigopflanze (Indigofera tinctoria) verdrängt wurde.

Zur Erzeugung gelber Töne benutzte man das Gelbkraut oder Wau (Reseda luteola), das in Mischung mit Indigoblau auch zur Herstellung von Grün verwendet werden konnte. Neben dem Wau diente dem gleichen Zweck die Färberscharte (Ferratula tinctoria) und der Färberginster (Genista tinctoria). Gleichfalls schon im frühesten Mittelalter kannte man die Verwendbarkeit der Kermesschildlaus, die den deutschen oder Wurzel-Kermes lieferte, weil das Insekt nicht, wie beim levantinischen Kermes, von den Blättern, sondern auch von den Wurzeln anderer Pflanzen (Weggras, Wegtritt, Dünnkraut) gesammelt wurde. Zur Zeit der Hohenstaufen war die Scharlachfärberei in Deutschland bereits so hoch entwickelt, daß Heinrich der Löwe dem griechischen Kaiser Scharlachkleider zum Geschenk machen konnte. Zum Färben von 1 Pfund Seide brauchte man 6—8 Pfund märkischen oder 10—12 Pfund levantinischen Kermes, ein Umstand, der für die Güte des deutschen Kermes zeugt. Heute ist der einheimische ebenso wie der levantinische Kermes längst durch das hauptsächlich aus Mexiko kommende Cochenillerot verdrängt worden, das von der auf der Kaktuspflanze lebenden Cochenillelaus (Coccus cacti aus der Ordnung der Halbflügler und der Familie der Schildläuse) stammt.

Der Anbau der verschiedenen Farbpflanzen erfolgte zur Zeit des Mittelalters in Deutschland in solchen Mengen, daß ein großer Teil nach dem Ausland ausgeführt werden konnte, was für viele Gegenden eine Quelle der Wohlhabenheit wurde. Eingeführt wurden dagegen, und zwar meist von Venedig aus, Safran (die getrockneten Blütennarben von Crocus sativus), der zwar auch in Deutschland gebaut wurde, und Saflor, die getrockneten Blumenkronen der Färberdistel (Carthamus tinctorius), ferner der levantinische Kermes und das Brasilholz (von Caesalpinia Sappan), das in Vorder- und Hinterindien (Ceylon und Sumatra) gebaut und gleichfalls über Italien nach Deutschland eingeführt wurde, zugleich mit dem aus Ostindien stammenden Sandelholz. Verwandt mit dem Farbstoff der Schildlaus ist der Farbstoff Lacca oder Gummi-Lack (englisch Lack dye), ein Harz, das aus den jüngsten Trieben verschiedener ostindischer Bäume (Croton lacciferens, ficus indica und ficus religiosa) infolge des Stichs der befruchteten weiblichen Lackschildlaus (Coccus lacca) ausfließt und allmählich fest wird, worauf die Larven das Harz durchbohren und auskriechen. Bisweilen ist das Harz gefärbt durch den oben erwähnten Farbstoff Lacca, der sich mit verdünnten Alkalien oder Soda aus dem Harz ausziehen läßt. Lacca, das gleichfalls über Italien nach Deutschland gelangte und im Mittelalter ein kostbarer und geschätzter Farbstoff war, verlor seit der Einführung des Cochenillefarbstoffes seine frühere Bedeutung. Der ausländische Kermes stammte ursprünglich aus Persien; die Kermesschildlaus lebt aber auch im nördlichen Afrika und zwar auf der Steineiche (Ilex) und der Korkeiche (Quercus coccifera). Das Tier steht in der Größe zwischen Pfefferkorn und Erbse. Bei den Römern wurde der Kermesfarbstoff vielfach zur Erzeugung von Purpurfarbe benutzt wahrscheinlich in Mischung mit Indigo, und zwar besonders nachdem die Kunst des Färbens mit dem echten Purpur der Purpurschnecke verloren gegangen war. Auch der venetianische Scharlach wurde mittels Kermes erzeugt. Die Bezeichnung „Vermillon" stammt von „Vermiculus" = Würmchen. Der Ausdruck „Kermes" soll die arabische Übersetzung dieses Wortes sein.

Aus der Levante gelangte die Orseille, ein Farbstoff, der aus verschiedenen Flechten gewonnen wird, im 14. Jahrhundert zunächst nach Italien, wo die Orseillefärberei, besonders in Florenz, als ein gewinnbringendes Geheimnis lange Zeiten hindurch allein betrieben, wurde. Aber schon lange, ehe die Orseille von Italien aus nach Deutschland eingeführt wurde, hatte man bei uns mit einem andern Flechtenfarbstoff gefärbt, mit dem Lackmus (Lacca musica) oder Licmos, der aus dem Färbermoos (verschiedenen Flechtenarten, Roccella, Lecanora und Variolaria) gewonnen und vornehmlich von hanseatischen Kaufleuten aus Skandinavien eingeführt wurde. In späteren Jahrhunderten wurden die Farbstoffe der nordischen Flechten durch die ergiebigeren Erzeugnisse des Südens fast völlig verdrängt.

Wie die Spinnerei und Weberei, so war auch die Färberei in den ältesten Zeiten, ebenso wie heute noch im Orient und bei den Naturvölkern, ein wichtiger Zweig der häuslichen Tätigkeit. Später, etwa zur Zeit der Karolinger, wurde die Färberei in den Fronhofwirtschaften der Großgrundbesitzer und in den Klöstern betrieben, wenn auch wegen der Kostbarkeit gefärbter Stoffe nur in sehr beschränktem Umfange. Erst im 12. und 13. Jahrhundert, mit dem Aufblühen städtischen Lebens, gewann das Textilgewerbe und im Anschluß daran auch die Kunst des Färbens erhöhte Bedeutung. Das Färben geschah in den Farbhäusern oder Farbstuben, die sich im Besitz der Zünfte oder der Städte befanden und erst in späterer Zeit an die Färber selbst übergingen. Schon damals wußte man sehr wohl, welche Vorzüge hinsichtlich der Echtheit es bietet, wenn man „in der Wolle färbt", d. h. die Wolle färbt, ehe sie versponnen und verwebt wird. Außerdem wurden schon damals zum Färben Verfahren benutzt, die ein sehr sachgemäßes Arbeiten und große Erfahrung voraussetzen. Als Hilfsstoffe gelangten eine Reihe von Chemikalien zur Anwendung, die auch heute noch für die Erzeugung von echten Färbungen eine gewisse Bedeutung besitzen, z. B. Alaun, Weinstein und die Salze des Eisens und Kupfers. Vor einigen Jahren hat man die in koptischen Gräbern gefundenen Stoffe untersucht und dabei feststellen können, daß sie mit Zinnlacken gefärbt waren. Einen großen Fortschritt bedeutete es, als im Jahre 1650 CORNELIUS DREBBEL die Anwendung der Zinnsalze beim Färben mit Cochenille einführte, denn der dabei entstehende Zinnlack kommt an Schönheit dem antiken Purpur mindestens gleich. Noch bis auf den heutigen Tag spielt dieser Farblack trotz seiner in mehrfacher Beziehung mangelhaften Echtheitseigenschaften, ebenso wie der blaustichige Tonerdelack, eine große Rolle beim Färben von Militärbesatztuchen.

Ein wichtiges Ereignis war auch die Einführung der Türkischrotfärberei nach Frankreich gegen Ende des 18. Jahrhunderts und gleichzeitig die Anwendung der Quercitronrinde durch BANCROFT im Jahre 1775.

# B. Besonderer Teil.

## I. Die natürlichen Farbstoffe aus dem (Tier- und) Pflanzenreich.

Wie aus dem vorhergehenden Abschnitt zu erkennen ist, hat der Mensch von jeher es verstanden, allen Gebieten der belebten und unbelebten Natur die Materialien zur Befriedigung seines Farbensinnes zu entnehmen, wobei allerdings zu bemerken ist, daß erst seit dem Aufblühen der chemischen Wissenschaft, insbesondere der anorganischen Chemie, auch das Mineralreich die Fülle seiner Gaben dem Menschen darbot. Betrachtet man die Farbstoffe, die in der Gegenwart auf den verschiedenen Gebieten der Färberei zur Anwendung gelangen, nach ihrer Herkunft, so ergibt sich folgendes: Von verhältnismäßig geringer Bedeutung sind diejenigen Farbstoffe, die dem Tierreich entstammen. Eine gewisse Rolle für die Woll- und Seidenfärberei spielt heute nur noch die Cochenille, deren Zinnlack für die Herstellung des roten Infanteriebesatztuches verwendet wird, während der Tonerdelack, wie bereits oben erwähnt, einen wesentlich blaueren Ton besitzt. Es wird nur eine Frage der Zeit sein, bis auch dieser Farbstoff durch wesentlich echtere Teerfarbstoffe (z. B. der Thioindigoreihe, s. S. 85) verdrängt wird. Gänzlich ohne Bedeutung sind gegenwärtig als Farbstoffquelle die verschiedenen Arten der Purpurschnecke (Murex brandaris, Murex trunculus und Purpura lapillus), die auch heute noch an den Küsten des mittelländischen Meeres gefunden werden und die den im Altertum so hochgeschätzten Purpur, das Zeichen höchster staatlicher Würden, lieferten. Von großem Interesse ist die Erkenntnis, die wir P. Friedländer verdanken, daß nämlich der Purpur sehr nahe verwandt ist mit dem Indigoblau, von dem er sich seiner chemischen Zusammensetzung nach nur durch einen Gehalt an Brom unterscheidet. Übrigens scheint der kostbare Purpur der Purpurschnecke — am geschätztesten war der tyrische Purpur — im Altertum und frühen Mittelalter häufig durch eine Mischung aus Indigo und einem roten Farbstoff, z. B. Kermes, ersetzt worden zu sein. Von diesen beiden Farbstoffen ist Indigo bei weitem der echtere, ein Umstand, der es erklärlich macht, daß derartige, mit der Mischung gefärbte Gewebe im Laufe der Jahrhunderte den unechten Farbstoff verloren, so daß der Indigo allein übrig blieb. Daß das Murexid, das Ammoniaksalz der Purpursäure, ein Farbstoff, der aus Harn bzw. Harnsäure gewonnen und im Kattundruck verwendet wurde, heute vollkommen bedeutungslos ist, bedarf keiner Erwähnung. Bemerkt sei übrigens, daß ein dem Indigo nahestehendes Produkt, das sogenannte Harn-Indikan, im Harn verschiedener Pflanzenfresser gefunden worden ist und, ähnlich dem Pflanzen-Indikan, durch Oxydation leicht in Indigo übergeführt werden kann (vgl. S. 16).

Noch ein Farbstoff ist an dieser Stelle zu erwähnen, der einem tierischen Sekret seine Entstehung verdankt; es ist dies das Indisch-Gelb, welches aus dem Harn von Kühen gewonnen wird, die mit Mangoblättern gefüttert wurden. Beim Eindampfen des Harns scheidet sich der Farbstoff, der als Porree bezeichnet wird, aus. Eine Kuh erzeugt täglich etwa 50 g Farbstoff, der nur noch in der Malerei, besonders in der Aquarellmalerei, Verwendung findet. Gleichfalls nur als Malerfarbe kommt noch die Sepia in Betracht, die aus dem Tintensack der Sepia officinalis stammt.

Wesentlich anders verhält es sich mit den Farbstoffen pflanzlichen Ursprungs, wobei als Rohmaterialien Wurzeln, Stengel, Rinden, Blüten, Harze usw. verwendet werden. Wenn auch das Anwendungsgebiet der Pflanzenfarbstoffe in den letzten 50 Jahren, seit Einführung der Teerfarbstoffe, erhebliche Einschränkungen erfahren hat, so haben sie doch auch heute, nicht nur bei Naturvölkern und in halb zivilisierten Ländern, sondern auch in unserem deutschen Vaterland für die Färberei und Druckerei sich einen Teil ihrer Bedeutung bewahrt. In erster Linie sind hier zu nennen die Farbstoffe der ausländischen, indischen und amerikanischen, Farbhölzer: Blauholz und Gelbholz. Das Blauholz stammt vom Campechebaum (Haematoxylon campechianum), der sich in Mittelamerika, Mexiko und auf den Antillen vorfindet. Der Haemateïn genannte Farbstoff ist im Holz nicht als solcher vorhanden, sondern in Form seiner farblosen Leukoverbindung, Haematoxylin, und zwar wahrscheinlich als Glukosid, d. h. in Verbindung mit einem Zucker. Die eine Spaltung des Glukosids bezweckende Gärung oder Fermentation muß mit besonderer Vorsicht ausgeführt werden, damit nicht durch Zersetzung braune Nebenprodukte entstehen, die die Reinheit der Färbung trüben. Den Blauholzextrakt findet man im Handel auch unter dem Namen Indigoersatz oder Noir reduit. In der Baumwollschwarzfärberei ist das Blauholz durch bessere und echtere Farbstoffe, wie Anilinschwarz, Azo- und Schwefelfarbstoffe, verdrängt worden. Dagegen wird es in der Wollfärberei noch in ausgedehntem Maße verwendet. Man färbt ebenso wie in der Baumwollfärberei unter Mitwirkung von Beizen (s. S. 96ff.), und zwar erhält man die besten und lichtechtesten Färbungen mit Hilfe der Chrom- und Kupferlacke. Am wichtigsten ist das Blauholz auf Eisenbeize für die Seidenfärberei, in der es sich bis jetzt kaum durch einen andern Farbstoff ersetzen läßt.

Das Gelbholz oder gelbe Brasilienholz ist das Stammholz des Färber-Maulbeerbaums (Morus tinctoria), der in Ostindien und Amerika gedeiht. Das Gelbholz enthält zwei Farbstoffe, das Morin und das Maclurin, von denen aber das erstere an färberischer Bedeutung weit überwiegt. Das Morin ist ein Beizenfarbstoff (s. S. 95), der in Verbindung mit Blauholz immer noch in ausgedehntem Maße für den Baumwolldruck Anwendung findet und in der Wollfärberei zum Abtönen des Blauholzschwarz dient. Ganz ähnlich verhält es sich mit dem Quercitron, der Rinde der Färbereiche (Quercus tinctoria), die früher auch in Deutschland und Frankreich, nunmehr aber vorwiegend in Nordamerika angebaut wird. Die Quercitronrinde enthält das Glukosid Quercitrin, das durch Spaltung (beim Erhitzen mit ganz verdünnter Schwefelsäure) in Quercetin und einen Zucker zerfällt (wahrscheinlich Traubenzucker). Das Quercetin ist der eigentliche Farbstoff der Quercitronrinde, die auch heute noch im Kattundruck neben Blauholz verwendet wird, während es auf Wolle und Seide durch die Beizen- und andere gelbe Teerfarbstoffe verdrängt worden ist.

Gegenüber den letztgenannten Farbstoffen pflanzlichen Ursprungs hat das Rotholz an Bedeutung sehr verloren, was auf die ungenügende Echtheit der mit ihm erhältlichen Färbungen zurückzuführen ist. Das Rotholz, auch Brasilien- oder Fernambukholz genannt, stammt von Caesalpinia brasiliensis oder crista. Es wurde, wie bereits oben erwähnt, schon vor der Entdeckung Amerikas Europa benutzt, und ihm verdankt auch Brasilien, wo das Rotholz ausgedehnte Wälder bildet, seinen Namen. Der in ihm enthaltene Farbstoff ist vermutlich nahe verwandt mit demjenigen des Blauholzes; auch er findet sich in Form einer farblosen Leukoverbindung vor, die Brasilin genannt wird und die durch Oxydation in das gefärbte und färbende „Brasileïn" übergeht, das in der Wollfärberei auf Tonerdebeize einen bläulichroten, auf Zinnbeize einen lebhaft orangeroten und auf Eisenbeize einen violetten Lack bildet. Kaliumbichromat (s. S. 99) erzeugt violettgraue bis bordeauxrote Töne. Das gleiche Schicksal teilen mit dem Rotholz der bereits oben erwähnte und früher in der Seidenfärberei viel benutzte Wau, der als färbenden Bestandteil das Luteolin enthält und einen ziemlich echten Tonerdelack bildet, sowie das Fisetholz oder Fustik von Rhus cotinus. In ihm findet sich der Farbstoff Fisetin, jedoch nicht frei, sondern als Glucosid, d. h. in Verbindung mit Gerbsäure und Zucker. Er findet zum Gelbfärben von Wolle und Leder Verwendung. Weniger für Wolle und Seide, dagegen im Baumwolldruck, besonders zur Herstellung von Buntätzen werden, wenn auch in beschränktem Umfange, die Kreuzbeeren verwendet, die auch unter dem Namen Gelbbeeren, Avignonkörner und Persische Beeren als gelber Farbstoff im Handel erscheinen. Sie stammen von verschiedenen Rhamnusarten ab und enthalten als wichtigstes Glucosid das Xanthorhamnin. Dieses zerfällt durch Spaltung in Zucker und Rhamnetin, das als Farbstoff mit dem Quercetin nahe verwandt ist.

In der Seidenfärberei findet ein gelber Farbstoff Anwendung, der vom chemischen Standpunkt dadurch besonderes Interesse besitzt, daß er der einzige in der Natur vorkommende basische Farbstoff ist, während die überwiegende Zahl der natürlichen Farbstoffe den Charakter einer allerdings sehr schwachen Säure aufweisen. Dieser Farbstoff ist das Berberin, das in der Wurzelrinde des Sauerdorns oder der Berberitze (Berberis vulgaris) in reichlichen Mengen, angeblich bis zu 17 %, vorhanden ist.

Curcuma, auch Gelbwurz oder gelber Ingwer genannt, ist das Rhizom von Curcuma tinctoria, die im tropischen Asien und in China wächst. Der in den Wurzeln enthaltene Farbstoff, das Curcumin, ist in Wasser unlöslich, löst sich dagegen in Alkalien mit rotbrauner Farbe. Er ist vor den übrigen Pflanzenfarbstoffen dadurch ausgezeichnet, daß er ohne Beizen auf Baumwolle färbt; er eignet sich besonders für Seide, außerdem auch für Holz, Papier usw.

Der hauptsächlich als Gewürz bekannte Safran wird auch heute noch in Europa angebaut, dient aber höchstens noch zum Färben von Nahrungsmitteln.

Der falsche Safran, auch Saflor genannt, bestehend aus den getrockneten Blumenblättern der weit verbreiteten, auch im südlichen Europa angebauten Färberdistel, enthält zwei Farbstoffe, von denen nur das in geringer Menge vorhandene schwerlösliche Carthamin brauchbar ist, während der leichter lösliche gelbe Bestandteil als Farbstoff wertlos ist. Zum Färben von Textilstoffen wird Saflor heute nicht mehr benutzt, wohl aber als Malerfarbe unter den Namen Saflorcarmin, Tassenrot, Tellerrot, Spanisches oder Portugiesisches und Vegetabilisches Rot. Das früher mit Saflor auf Baumwolle und Seide erzeugte Rosa und Kirschrot war sehr unecht und besonders gegen Wäsche und Licht empfindlich.

Trotz seines schönen Tones und seiner verhältnismäßig guten Echtheit gegen Seifen, Säuren und Chlor hat wegen seiner mangelnden Lichtechtheit ein von den Samenkernen des Rukabaumes (Bixa orellana) stammender Farbstoff, der unter dem Namen Orlean und, in konzentrierter Form, unter dem Namen Bixin im Handel erscheint, gegenwärtig viel von seinem Wert verloren. Gefärbt wurde er vorwiegend auf Seide und Baumwolle, und zwar am besten in Gegenwart von Zinnbeizen. Der Rukabaum gedeiht in Ostindien und in den tropischen Gegenden Amerikas, weshalb man einen indischen und amerikanischen (spanischen) Orlean unterscheidet. Der eigentliche färbende Bestandteil, das Bixin, ist in den gewöhnlichen Sorten nur zu etwa 6 % vorhanden und ist von rotbrauner Farbe, während die mit ihm erzeugten Färbungen einen orangeroten Ton besitzen.

Gleichfalls in seiner Bedeutung stark zurückgegangen ist das Sandelholz von Pterocarpus santalinus und Pterocarpus indicus, die in Ostindien (Küste Koromandel und Ceylon) wachsen und als färbenden Bestandteil etwa 16 % Santalin enthalten. Nahe verwandt mit dem Sandelholz ist das aus Sierra-Leone stammende Barwood von Baphia nitida, das angeblich sogar bis zu 23 % Santalin enthalten soll. Da das Santalin in Wasser sehr schwer löslich ist, so lassen sich aus dem Sandelholz nicht, wie aus den andern Farbhölzern, konzentrierte Extrakte gewinnen. Man färbt daher, wie dies auch bei den andern Farbhölzern vielfach üblich ist, mit dem geraspelten Farbholz und zwar mit Hilfe von Chrom-, Tonerde- und Zinnbeizen, sowohl auf Baumwolle als auch auf Wolle, wobei man bordeauxbraune bis blaurote Töne erhält. Die Färbungen sind aber nicht lichtecht, und darum verwendet man Sandelholz heute nur in Verbindung mit andern Farbstoffen, z. B. ausnahmsweise als Untergrund für Indigo. Seine Hauptverwendung findet das Sandelholz gegenwärtig zum Färben von Lacken, Räucherkerzen sowie von Nahrungs- und Genußmitteln.

Zum Schluß sei noch zweier Farbstoffe gedacht, die aus Meeresflechten gewonnen werden, von denen jeder, wie bereits oben (s. S. 7) bemerkt, seine besondere geschichtliche Bedeutung hat: die Orseille und der Lackmus. Die Orseille aus Roccella Montagnei und Roccella tinctoria sowie aus Lecanora- und Variolariaarten wird in der Weise gewonnen, daß man die Flechten nach dem Trocknen und Zerkleinern mit Ammoniak und gelöschtem Kalk behandelt, wodurch die Umwandlung des in ihnen enthaltenen farblosen Orcins in den Farbstoff Orceïn unter Aufnahme von Ammoniak vor sich geht. Das Orceïn ist ein richtiger Beizenfarbstoff, der sich mit Hilfe von Tonerde- und Zinnbeizen auf Wolle und Seide befestigen läßt und dabei ein schönes, aber leider nicht lichtechtes reines Violett und Rot liefert. Ein nur bei gelinder Wärme zubereitetes Orseille kommt unter dem Namen Persio oder Cudbear in den Handel. Sonstige Bezeichnungen für den Farbstoff sind unter andern auch Orseillecarmin, Orseilleextrakt und Französischer Purpur.

Aus den gleichen Ausgangsmaterialien, wie sie zur Erzeugung der Orseille benutzt werden, erhält man den als Indikator in der Maßanalyse wohlbekannten Lackmus, wenn man die Flechten in Gegenwart von Ammoniak einer längeren Gärung überläßt. Diese Fabrikation wird heute vorwiegend in Holland ausgeübt. Zum Färben der Textilfasern findet Lackmus heute keine Verwendung mehr.

Von hervorragender technischer Bedeutung ist auch heute noch die große Gruppe der gerbstoffhaltigen Pflanzen, von denen einige neben den Gerbstoffen auch noch wertvolle Farbstoffe enthalten. In erster Linie ist hier der Catechu oder Cachou zu nennen, der getrocknete Auszug gewisser, meist in den Tropen wachsender Pflanzen. Zu ihnen gehören die indische Acacia catechu, eine Mimosenart, die den echten Cachou liefert und die Uncaria gambir oder Uncaria acida, aus deren Blättern und Zweigen der unechte oder Gambir-Cachou gewonnen wird. Beide Arten Catechu kommen ebenso wie der Bengalcatechu, der aus der Areca- oder Betelnuß, der Frucht der Arecapalme (Areca catechu), gewonnen wird, in Form von Pulver in den Handel. Der färbende Bestandteil des Catechu ist das Catechin (= Catechinsäure), das an sich farblos und in Wasser ziemlich schwer löslich ist, zum Unterschied von den das Catechin begleitenden Catechugerbsäuren. Das Catechin geht durch Oxydation und auch schon beim Erwärmen der wäßrigen Lösung an der Luft leicht in einen braunen unlöslichen Farbstoff über. Auf Grund dieser Eigenschaft findet der Catechu ausgedehnte Verwendung in der Baumwollfärberei, besonders aber im Baumwolldruck zur Erzeugung von Braun, Oliv, Grau und Schwarz. Die Färbungen sind echt gegen Licht, Seife, Alkalien, Säuren und Chlor. Als Oxydationsmittel verwendet man Bichromat. Schwarz erhält man durch gleichzeitige Anwendung von Ferrisalzen und Blauholz. Insbesondere in der Seidenfärberei spielt der Catechu eine sehr wichtige Rolle, indem er in Verbindung mit Ferrisalzen zum Beschweren benutzt wird; für diesen Zweck ist er nahezu unersetzlich. Eine weitere Verwendung findet Catechu zum Färben von Holz. Nahe verwandt mit ihm ist der Kino, der eingedickte Saft von Pterocarpus marsupinus, der an der Malabarküste gedeiht, oder von australischen Eucalyptusarten. Fast ausschließlich wegen ihres Gehalts an Gerbstoffen sind weiterhin zu erwähnen die Galläpfel und Ackerdoppen oder Knoppern der Eichen, die chinesischen Galläpfel, die von einer Sumachart herrühren, die südamerikanische Caesalpinia coriaria, die die Dividivi-Schoten liefert, und der südeuropäische Sumach (Rhus coriaria); als gerbstoffhaltige Substanz ist ferner auch das Quebrachoholz zu großer Bedeutung gelangt, dessen Gehalt an Gerbstoff den der Eichenrinde bei weitem übertrifft und dem gegenüber die Rinden der zahmen und wilden Kastanien, der Birken und Buchen an Wichtigkeit heute vollkommen zurücktreten.

Was übrigens die Gewinnung der Farbstoffe aus den Farbhölzern anlangt, so geschieht diese, wie schon oben andedeutet, im allgemeinen in der Weise, daß man die Hölzer zerkleinert (raspelt) und alsdann fermentieren läßt, d. h. sie in Gegenwart von Wasser einer Art von Gärungsprozeß unterwirft, um den Farbstoff in eine lösliche und für seine spätere Verwendung geeignete Form überzuführen und gleichzeitig auch das Ausziehen zu erleichtern. Dem entsprechend haben die fermentierten Hölzer sich beim Färben als ausgiebiger erwiesen und liefern auch eine bessere Ausbeute, falls man, wie dies vielfach geschieht, die zerkleinerten Hölzer bis zur Erschöpfung mit Wasser auszieht und alsdann die wäßrigen Auszüge durch Eindampfen konzentriert, um den Farbstoff in Form von Farbholzextrakt in den Handel zu bringen. Das Alizarin, das heute fast nur auf synthetischem Wege erzeugt wird, ist nicht als solches, sondern in Form eines, Ruberythrinsäure genannten Glucosids in der Krapppflanze enthalten. Erst durch den Fermentationsprozeß (oder durch Erhitzen mit verdünnter Salzsäure) wird die Ruberythrinsäure gespalten in Alizarin und Glucose (Traubenzucker). Außer Alizarin (von Alizari, dem orientalischen Namen für Krapp) enthält die Krappwurzel noch weitere, dem Alizarin sehr nahestehende Bestandteile in Form von Glucosiden, so z. B. das Purpurin, das Xanthopurpurin und das Pseudopurpurin, von denen aber nur das Purpurin als Beizenfarbstoff verwendet wird. Es färbt z. B. auf Tonerdebeize mit einem etwas blaustichigeren Ton als Alizarin selbst.

Von besonderem Interesse ist die Gewinnung des Pflanzenindigos, obwohl, wie später geschildert werden soll, auch er, der ehemals der König der Farbstoffe genannt wurde, seine Bedeutung heute nahezu vollkommen zugunsten des synthetischen Produktes eingebüßt hat. Pflanzen, die Indigo enthalten, kommen in der Natur ziemlich häufig vor, und zwar finden sie sich sowohl in heißen als auch in gemäßigten Zonen. Der Farbstoff ist meist in der ganzen Pflanze, vornehmlich aber in den Blättern und zwar bis zu etwa 0,5 % enthalten. Die Pflanzen bzw. Teile derselben werden zunächst in großen, in die Erde gemauerten Behältern mit Wasser übergossen, worauf nach kurzer Zeit eine Gärung beginnt, die an starker Schaumbildung und Kohlensäureentwicklung erkennbar ist. Während dieser Zeit geht die in der Pflanze enthaltene glucosidartige, Indikan genannte Verbindung in Lösung, indem eine Zerlegung des Indikans in Indoxyl (s. S. 63) und Zucker (Traubenzucker) stattfindet. Wenn diese Zerlegung vollkommen ist, wird der wäßrige, meist oliv gefärbte Auszug in die sogenannten Schlagkufen gelassen. In diesen wird durch fortgesetztes Schlagen mit Bambusstöcken oder durch Umrühren unter Mitwirkung des Sauerstoffs der Luft das Indoxyl zum Indigo oxydiert. Der ausgeschiedene Farbstoff setzt sich ab und wird, um braungefärbte Nebenprodukte zu entfernen und um ihn gleichzeitig durch Abtötung aller Mikroorganismen haltbar zu machen, aufgekocht, abgepreßt und alsdann an der Luft getrocknet. Der Gehalt des so gewonnenen Produktes an reinem Farbstoff ist, je nach der Herkunft des Indigos, sehr wechselnd und schwankt zwischen 20 und 95 %; letzteren Gehalt erreicht aber nur der raffinierte Pflanzenindigo. Der künstliche, oder richtiger gesagt auf synthetischem Wege gewonnene Indigo ist durchgehends reiner als die reinsten Sorten des natürlichen Indigos, und das früher viel verbreitete Vorurteil gegen das Erzeugnis der deutschen Teerfarbenfabriken hat inzwischen der Erkenntnis seiner guten Eigenschaften Platz gemacht.

## II. Die Mineral- oder Erdfarben.

Die ursprüngliche Bedeutung des Wortes „Mineralfarben" hat im Laufe der Zeit insofern eine Änderung erfahren, als man zu ihnen nicht nur die unmittelbar aus Mineralien gewonnenen, sondern auch die auf künstlichem Wege dargestellten anorganischen Farbstoffe zählt. Die Mineralfarben sollen in diesem Abschnitt unter Zugrundelegung des in ihnen enthaltenen Metalloxyds betrachtet werden.

1. Von Verbindungen des Calciums kommt als „Mineralfarbe" der kohlensaure Kalk ($CaCO_3$) in Form der geschlämmten Kreide (Wiener Kalk) und bisweilen auch der schwefelsaure Kalk ($CaSO_4$) oder Gips aus fein gemahlenem Alabaster in Betracht.

2. Verbindungen des Bariums. Das schwefelsaure Barium ($BaSO_4$) kommt in der Natur als Schwerspat vor, besitzt aber selbst bei feinster Mahlung nur eine geringe Deckkraft. Künstlich wird es erzeugt, indem man lösliche Bariumsalze mit schwefelsauren Salzen anderer Metalle umsetzt, z. B.:

$$BaCl_2 + Na_2SO \longrightarrow BaSO_4 + 2\,NaCl\,.$$

Das so entstehende $BaSO_4$ besitzt eine bessere Deckkraft und dient, unter den Namen Blanc fixe, Spatweiß, Baryt- oder Permanentweiß, besonders als Wasser-, weniger als Ölfarbe. Es hat vor dem schwefelsauren Blei ($PbSO_4$) den Vorzug, daß es durch Schwefelwasserstoff ($H_2S$) nicht geschwärzt wird. In neuerer Zeit wird statt des Permanentweiß eine „Lithopone" genannte Mischung von schwefelsaurem Barium und Schwefelzink, die nach der Gleichung:

$$BaS + ZnSO_4 \longrightarrow ZnS + BaSO_4$$

erzeugt wird und die sowohl gut deckt, als auch billig ist, in großem Umfange verwendet.

Chromsaures Barium ($BaCrO_4$) entsteht in analoger Weise wie Bariumsulfat durch Fällung von Bariumsalzen mittels löslicher Chromate, z. B. nach der Gleichung:

$$BaCl_2 + K_2CrO_4 \longrightarrow BaCrO_4 + 2\,KCl.$$

Diese in Wasser sehr schwer lösliche Verbindung findet unter dem Namen Gelber Ultramarin, Gelbin oder Steinbühlers Gelb als Malerfarbe Verwendung. Mit Bariumchromat gefärbter Schwerspat trägt den Namen Barytgelb.

3. Die Verbindungen der Tonerde spielen einerseits, ähnlich übrigens wie Schwerspat, als Substrate für andere Farbstoffe eine sehr große Rolle, andererseits aber auch als Bestandteile von Farblacken, worunter in diesem Falle salzartige Verbindungen aus Metalloxyden und organischen Farbstoffen zu verstehen sind. So ist z. B. der Carminlack (Florentiner, Pariser, Wiener Lack) der Aluminium- oder Tonerdelack des Cochenillefarbstoffes und der Venetianer Lack der Tonerdelack des Rotholzfarbstoffes (siehe Brasileïn S. 11).

Auf Tonerde niedergeschlagene gelbe Pflanzenfarbstoffe werden als Schüttgelb bezeichnet. Von sehr großer Bedeutung ist schon seit Jahrhunderten eine heute meist auf künstlichem Wege dargestellte Tonerdeverbindung, das Ultramarin, das durch Glühen von Ton, Soda, Schwefel und Kohle hergestellt wird und auch heute noch für die verschiedensten Zwecke Anwendung findet. Er besitzt eine prachtvolle blaue Farbe, die gegen Soda und Ammoniak, leider aber nicht gegen Säuren beständig ist. Er wurde früher aus dem

Lasurstein (Lapis lazuli) gewonnen, in dem er aber nur in kleinen Mengen von etwa 2 % enthalten ist. Eine andere in der Natur vorkommende Tonerde-haltige Erdfarbe ist das Veroneser Grün oder die Grünerde, ein Eisenoxyd, Tonerde, Mangan und Alkali enthaltendes Silikat.

4. Chromverbindungen. Hier sind zu unterscheiden die Verbindungen des dreiwertigen Chroms, die Chromiverbindungen, und die technisch wichtigeren Abkömmlinge des sechswertigen Chroms, die chromsauren Salze oder Chromate; letztere sollen bei den betreffenden Basen Erwähnung finden. Hier sei nur kurz auf die Chromiverbindungen hingewiesen. Unter der Bezeichnung Guignets Grün oder Smaragdgrün findet ein Produkt als Malerfarbe Verwendung, das durch Zusammenschmelzen von Kaliumbichromat ($K_2Cr_2O_7$) mit Borsäure erhalten wird. Hierbei bildet sich zunächst borsaures Chromoxyd, das mit Wasser zerfällt in Borsäure und ein Chromhydrat der Zusammensetzung $Cr_2O_5H_4$. Chromoxyd oder -hydroxyd findet in Mischung mit anderen weißen, gelben, roten und blauen Farben vielfache Anwendung, z. B. auch als Ersatz des giftigen Schweinfurter Grün im Tapeten- und Zeugdruck. Beim Zusammenschmelzen mit Silikaten entstehen aus Chromoxyd grüne, Smalten genannte Gasflüsse, die zum Färben von Glas, Porzellan und Emaille dienen können.

5. Von Zinkverbindungen wurde oben unter 2. bereits die Lithopone als wichtige weiße Farbe erwähnt. Eine billige Anstrichfarbe ist das Zinkweiß (ZnO), das durch Verbrennen von Zinkdämpfen und Auffangen des Zinkoxyds in großen Kammern erhalten wird. In Mischung mit metallischem Zink wird es als Zinkgrau bezeichnet. Gelber Ultramarin oder Zinkgelb ist das basisch chromsaure Zink ($ZnCrO_4 \cdot Zn(OH)_2$), das außerdem aber wahrscheinlich, je nach seiner Darstellung, noch Kalium- oder Calciumchromat enthält, also ein Doppelsalz darstellt. Wird Zinkoxyd (ZnO) mit schwefelsaurem Kobalt ($CoSO_4$) zusammengeglüht, so entsteht Rinmanns Grün, auch Sächsisch Grün, Zinkgrün oder Grüner Zinnober genannt.

6. Die Manganverbindungen spielen eine sehr untergeordnete Rolle unter den Erdfarben. (Über ihre wichtige Rolle bei der Darstellung von Leinölfirnis s. S. 29). Zu erwähnen wäre höchstens der sogenannte Mangan- oder Mineralbister, der z. B. im Zeugdruckeine allerdings nur beschränkte Verwendung findet und der in der Weise erzeugt wird, daß man aus Manganosalzen Manganhydroxydul, $Mn(OH)_2$, ausfällt, das an der Luft in das Oxydhydrat, $Mn(OH)_3$, übergeht. Kaliumpermanganat ($KMnO_4$) oder Übermangansaures Kali

wird durch organische Substanzen leicht reduziert. Man macht von dieser Eigenschaft in der Weise Gebrauch, daß man z. B. Holz mit Permanganat beizt, wodurch nach kurzer Zeit infolge der Reduktion des Permanganats zu Mangandioxyd ($MnO_2$) eine tiefdunkle braune Färbung auftritt. Ein manganhaltiges, vielfach zum Färben benutztes Mineral ist die Umbra, auch Türkische Umbra genannt, die außer Mangan noch Kieselerde, Tonerde und Eisenoxyd enthält und zum Färben von Firnis und Wachstuch, zum Braunbeizen von Holz sowie als Öl- und Wasserfarbe benutzt wird. Nahe verwandt mit der Türkischen oder Cyprischen Umbra ist die Terra sigillata, die im Altertum zur Herstellung der bekannten Tonwaren benutzt wurde und die im ungebrannten Zustand (Bolus) gelb bis rotbraun ist, während sie beim Brennen infolge ihres Eisengehalts einen roten Ton annimmt (Terra di Siena).

7. Von großer Wichtigkeit als Mineralfarben sind die Eisenverbindungen. Hier sind an erster Stelle zu nennen die Eisensalze der Ferro- und Ferricyanwasserstoffsäure, $H_4FeCy_6$ und $H_3FeCy_6$. So entsteht das Berliner Blau aus Ferrisalzen und gelbem Blutlaugensalz, $K_4FeCy_6$, etwa nach der Gleichung:

$$2\,Fe_2Cl_6 + 3\,K_4FeCy_6 \longrightarrow (Fe_2)_2Fe_3Cy_{18} = Fe_7Cy_{18}(+ 12\,KCl).$$

Verwendet man als Ferrisalz das Ferrinitrat, so entsteht das Pariser Blau. Erzeugt man den Farbstoff in der Weise, daß man den aus Ferrosalzen und gelbem Blutlaugensalz zunächst entstehenden weißen Niederschlag von der Zusammensetzung $Fe_2Cy_6Fe$ durch nachträgliche Oxydation in Blau überführt, so nennt man diese Modifikation auch Preußisch oder Diesbacher Blau. Durch doppelte Umsetzung von Ferrosalzen mit rotem Blutlaugensalz, $K_3FeCy_6$, bildet sich Turnbulls Blau, etwa nach der Gleichung:

$$3\,FeSO_4 + 2\,K_3FeCy_6 \longrightarrow Fe_3Fe_2Cy_{12} = Fe_5Cy_{12}(+ 6\,KCl).$$

Wendet man bei der Darstellung von Berliner oder Turnbulls Blau einen Überschuß von gelbem bzw. rotem Blutlaugensalz an, so entsteht auffallenderweise ein lösliches Blau, das aber in seiner Zusammensetzung mit dem unlöslichen Farbstoff nicht übereinstimmt, da es Kali-haltig ist und der Formel $K_2Fe_2Cy_{12}Fe_2$ entspricht. Auf weiteren Zusatz von Ferri- bzw. Ferrosalz wird es in unlösliches Berliner bzw. Turnbulls Blau übergeführt. Ein großer Mangel aller dieser Eisenblau ist ihre Empfindlichkeit gegen Alkalien. Trotzdem ist die Verwendung dieses schönen „Mineralblau" auch heute noch eine sehr vielseitige, sowohl in der Färberei und im Zeugdruck (Kaliblau), wie auch zu Herstellung von Wasser- und Ölfarben, wobei vielfach auch Mischungen mit anderen Farbstoffen hergestellt werden. So z. B. kommt die Mischung aus Berliner Blau mit Chromgelb unter den Bezeichnungen Schöngrün, Neapelgrün oder Zinnobergrün in den Handel. Durch Glühen von Berliner Blau entsteht das Berliner Braun, eine Mischung aus Eisenoxyd, $Fe_2O_3$, und Eisencarbid, FeC. Von großer Bedeutung ist das Eisenoxyd, das als Berliner Rot, Preußisch Rot, Caput mortuum = Totenkopf, Eisenmennige, Eisenrot, Ocker, Rötel, Englischrot, Neapelrot usw. in verschiedenen Graden der Reinheit und in den mannigfachsten Abstufungen des Farbtones von Gelb bis Rot als billige Malerfarbe benutzt wird. Ein basisches Ferrichromat ist das Sideringelb.

8. Kobaltfarben. Unter 5. wurde bereits erwähnt das aus Zinkoxyd und Kobaltoxyd bestehende Rinmanns Grün. Eine gipshaltige Mischung aus zinnsaurem Kobalt und Zinnsäure ist das in der Aquarell- und Ölmalerei angewendete Cöruleum oder Cölin, während ein durch Zusammenschmelzen von Kobaltoxyd, Kieselsäure und Pottasche erhältlicher Glasfluß als „Smalte", Eschel, Königsblau oder Azurblau bezeichnet wird und zum Färben von Glas, Porzellan, Email, sowie von Papier und Leinwand vielfach Anwendung findet. Ersetzt man bei der Darstellung von Rinmanns Grün das Zinkoxyd durch Tonerde, so erhält man einen Kobaltblau, Kobaltultramarin oder Thénards Blau genannten Farbstoff von feurigem Aussehen, der bei Tageslicht dem Ultramarin ähnlich sieht, dagegen bei künstlichem Licht viel rotstichiger erscheint und sowohl in der Öl- und Aquarellmalerei wie auch als Glas- und Porzellanfarbe dient.

9. Die Bleifarben gehören zu den wichtigsten anorganischen Farbstoffen. Einer der ältesten und bekanntesten unter ihnen für Ölanstrich und Malerei ist das Bleiweiß, auch Kremserweiß genannt, das, mit geringen Mengen Indigo oder Berliner Blau gefärbt, die Bezeichnung Perlweiß trägt. Das Bleiweiß ist ein basisch kohlensaures Blei, dessen Zusammensetzung je nach der Darstellungsart innerhalb gewisser Grenzen schwankt. Seine durchschnittliche Zusammensetzung entspricht etwa der Formel: $3PbCO_3 + Pb(OH)_2$. Die Erzeugung des Bleiweiß geschieht auf mannigfache Art und Weise, die man als holländisches, deutsches und französisches Verfahren unterscheidet. Beim holländischen und deutschen Verfahren wird metallisches Blei in Gegenwart von Essigdämpfen der Einwirkung von Luft und Kohlensäure ausgesetzt. Nach dem französischen Verfahren wird Bleioxyd, PbO, das in Bleiacetat zu basischem Bleiacetat gelöst wird, durch Einleiten von Kohlensäure, also auf nassem Wege, in sehr feiner Verteilung gefällt. In neuester Zeit

sind zahlreiche Versuche zur Herstellung von Bleiweiß auf elektrolytischem Wege gemacht worden. Die Hauptschwierigkeit, die es hierbei zu überwinden gilt, besteht in der Vermeidung einer kristallinischen Beschaffenheit der hierbei erzeugten Farbe, weil sonst das Produkt eine wesentlich geringere Deckkraft besitzt, als das nach den älteren Verfahren erzeugte amorphe Bleiweiß. Ein wesentlicher Mangel, der dem Bleiweiß anhaftet, ist seine Empfindlichkeit gegen Schwefelwasserstoff, indem es damit schwarzes, bzw. in sehr dünnen Schichten braunes, Schwefelblei (PbS) bildet, wodurch die Reinheit des Weiß erheblich leidet. Dazu kommt seine außerordentlich große Giftigkeit, so daß es trotz seiner sonstigen ausgezeichneten Eigenschaften mehr und mehr durch das ungiftige und gegen Schwefelwasserstoff unempfindliche Zinkweiß oder durch Lithopone verdrängt worden ist.

Ebenso wichtig wie Bleiweiß ist die Mennige, die unter dem Namen Minium bereits den Alten bekannt war. Sie führt wegen ihres gelbstichig-roten Tones auch den Namen Bleizinnober, ist aber weniger feurig als der echte Zinnober (s. S. 22), dagegen erheblich billiger und besitzt eine gute Deckkraft. Die Zusammensetzung der Mennige entspricht der Formel:

$$Pb_3O_4 = O\langle{}^{Pb-O}_{Pb-O}\rangle Pb = O.$$

Sie wird gewonnen durch vorsichtiges Erhitzen von Bleioxyd, PbO, wie solches z. B. beim Erhitzen von metallischem Blei mit Salpeter bei der Nitritdarstellung als Nebenprodukt abfänt. Seine Hauptverwendung findet es als Ölfarbe, insbesondere für den Anstrich von Eisenteilen, um sie gegen Rost zu schützen, ferner zur Erzeugung von trocknenden Ölen (s. Siccative auf S. 30), zur Herstellung von Ölkitten, von Glasflüssen (Bleigläser), Glasuren und Schmelzgläsern (Emaillen). Von untergeordneter Bedeutung als Farbstoff ist das, Bleiglätte oder Musivrot genannte, Bleioxyd, welches früher als gelbe Malerfarbe benutzt wurde, heute aber fast ausschließlich unter dem Namen Silber- oder Goldglätte zur Darstellung von Firnis (ähnlich wie Mennige), Bleipflaster, Kitt u. dergl., sowie als Durchgangsprodukt bei der Erzeugung von Mennige und Bleiweiß dient. Das Kasseler Gelb, auch Turnersgelb oder Patentgelb genannt, ist eine Mischung aus Bleioxyd und Bleichlorid ($PbCl_2$) entsprechend der Zusammensetzung $3PbO + PbCl_2 + 4H_2O$.

Von größter Wichtigkeit insbesondere in der Zeugdruckerei, aber auch in der Ölmalerei ist das neutrale chromsaure Blei ($PbCrO_4$) oder Chromgelb. Es wird aus löslichen Bleisalzen durch Kaliumchromat gefällt und wird im Zeugdruck als festhaftender Niederschlag auf der Faser erzeugt. Ein basisches Bleichromat von der Zusammensetzung $PbCrO_4 \cdot Pb(OH)_2$ ist das Chromrot oder der Chromzinnober oder Österreichische Zinnober. Eine Mischung von Chromrot und Chromgelb, wie man sie z. B. durch Einwirkung von Kalkmilch auf Chromgelb erhält, ist das Chromorange.

10. Von allen Quecksilber-haltigen Farbstoffen ist der wichtigste der Zinnober (Chinesisch Rot), der den Alten bereits unter dem Namen Cinnabaris bekannt war. Er hat die Zusammensetzung HgS und kommt in der Natur als Bergzinnober vor, kann aber auch auf künstlichem Wege erzeugt werden, indem man Merkurisalze mit Schwefelwasserstoff oder Schwefelammon, $(NH_4)_2S$, fällt. Hierbei scheidet sich das Schwefelquecksilber zunächst in amorpher schwarzer Form aus. Durch Sublimation oder durch längere Behandlung mit alkalischen Mitteln geht die schwarze amorphe Modifikation in die rote kristallinische über. Auf trockenem Wege gewinnt man den Zinnober, indem man Quecksilber und Schwefel, im Verhältnis ihrer Atomgewichte gemischt, in Trommeln aufeinander einwirken läßt und das entstandene rotbraune Reaktionsprodukt alsdann der Sublimation unterwirft. Der Zinnober ist wegen seiner schönen feurigen Farbe sehr geschätzt. Ihm gegenüber ist die schwarze Modifikation, die früher zum Schwarz- und Graufärben, sogar im Zeugdruck und zum Beschweren der Seide, benutzt wurde, von geringer Bedeutung. Das gleiche gilt von dem roten Präzipitat (HgO), der bisweilen in der Porzellanmalerei Anwendung findet, vor allem aber, wie auch eine Reihe anderer Quecksilberpräparate zum Anstreichen der Schiffsböden, um das Ansetzen tierischer und pflanzlicher Organismen zu verhindern.

11. Unter den Kupferverbindungen ist eine der wichtigsten das Schweinfurter oder Wiener Grün, eine Doppelverbindung aus essigsaurem und arsenigsaurem Kupfer von der Zusammensetzung $Cu_2(AsO_2)_3O \cdot CO \cdot CH_3$, welche durch ihren prachtvollen grünen Ton, leider aber auch durch so große Giftigkeit ausgezeichnet ist, daß ihre gewerbliche Verwendung zurzeit in Deutschland verboten ist. Das Schweinfurter Grün wird dargestellt durch anhaltendes Kochen von Grünspan (s. u.) mit einer Lösung von arseniger Säure. Nahe verwandt mit dem Schweinfurter Grün ist das Scheelesche oder Schwedische Grün, ein Kupferarsenit, das beim Zersetzen ammoniakalischer Kupfervitriollösungen durch arsenige Säure entsteht. Der Grünspan, auch Spangrün genannt, ist ein basisch-essigsaures Kupfer von wechselnder Zusammensetzung. Der französische oder blaue Grünspan von der Zusammensetzung $Cu(OH) \cdot O \cdot CO \cdot CH_3$

wird erhalten durch die Einwirkung der sich aus Weintrestern bildenden Essigsäure auf Kupferplatten. Durch Wasser wird der blaue Grünspan zersetzt, wobei sich etwa gemäß der Gleichung:

$$4\,Cu(OH)\cdot O\cdot CO\cdot CH_3 \longrightarrow Cu(O\cdot CO\cdot CH_3)_2 + 2\,Cu(OH)O\cdot CO\cdot CH_3 + Cu(OH)_2$$

der grüne eigentliche Grünspan der Zusammensetzung

$$2\,Cu(OH)\cdot O\cdot CO\cdot CH_3 + Cu(OH)_2$$

bildet, der auch in ähnlicher Weise wie das blaue basische Salz durch unmittelbare Einwirkung von Essigsäure auf metallisches Kupfer bei etwas erhöhter Temperatur erhalten werden kann. Der Grünspan dient in beschränktem Maße in der Aquarell- und Ölmalerei sowohl als auch in der Färberei und im Zeugdruck sowie zum Vergolden. In der Natur vorkommende Kupferfarben sind der Kupferlasur und der grüne Malachit. Der als Malerfarbe bekannte Kupferlasur (Lasurerz) auch Kupfer-, Berg- oder Mineralblau genannt, ist ein basisches Kupfercarbonat von der Zusammensetzung $2\,CuCO_3 + Cu(OH)_2$, das auch auf künstlichem Wege durch die Einwirkung von Kreide auf salpetersaures Kupfer, $Cu(NO_3)_2$, bei 3—4 Atmosphären Druck erhalten werden kann. Der grüne Malachit, Kupfer-, Berg- oder Mineralgrün, ist ein basischeres Carbonat von der Zusammensetzung $CuCO_3 + Cu(OH)_2$, das gleichfalls auf künstlichem Wege erzeugt werden kann (Braunschweiger Grün), indem man Kupfersalzlösungen mit Alkalicarbonaten versetzt, wobei zunächst ein blauer Niederschlag entsteht, der nach einiger Zeit, rascher beim Erwärmen, unter Verlust von Kristallwasser, in das grüne basische Carbonat der oben erwähnten Zusammensetzung übergeht.

Eine viel gebrauchte, kalkbeständige Wasser- und Leimfarbe ist das Bremer Blau und Grün, ein bei Einhaltung gewisser Bedingungen aus Kupferoxychlorid, CuOHCl, durch Fällung mit NaOH entstehender schön hellblauer Niederschlag, der beim Anreiben mit Öl infolge Bildung fettsaurer Salze eine grüne Farbe annimmt. Eine verwandte Farbe ist das Neuwieder Blau oder Kalkblau, gleichfalls ein (gipshaltiges) Kupferhydrat, das durch Fällung von Kupfervitriol ($CuSO_4$) mittels Kalkmilch erhalten wird.

12. Von geringerer Bedeutung als Farbstoffe sind die Cadmiumverbindungen. Cadmiumgelb (Brillantgelb) ist Schwefelcadmium (CdS) und wird in der Aquarell- und Ölmalerei und zum Färben von Seifen benutzt. Cadmiumchromat ($CdCrO_4$) ist gleichfalls gelb gefärbt, dürfte aber neben den billigeren Chromaten des Bleis, Zinks und Bariums kaum in Betracht kommen.

13. Von den Salzen des **Zinns** ist das Bisulfid, $ZnS_2$, unter dem Namen **Musivgold** bekannt. Es wird auf verschiedene Weise u. a. z. B. durch Erhitzen von metallischem Zinn oder Zinnamalgam und S in Gegenwart von Chlorammonium ($NH_4Cl$) dargestellt und dient, mit Lack oder Eiweiß aufgetragen, dazu, um Holz, Metall Gips und dergleichen unecht zu vergolden. Ein anderes Zinnpräparat ist das **Musivsilber**, ein Zinn-Wismut-Amalgam, das, mit Eiweiß oder Firnis angerührt, gleichfalls als Malerfarbe dient. **Minerallack** oder **Pinkcolour** ist ein weiterer zinnhaltiger Farbstoff, der als wesentlichen Bestandteil Zinnoxyd ($SnO_2$) und Chromoxyd ($Cr_2O_3$), unter Umständen auch Tonerde und Kieselsäure enthält (siehe auch Cöruleum unter Kobaltfarben).

14. Unter den **Antimonverbindungen** sind die wichtigsten die schwefelhaltigen. So ist der **Goldschwefel**, der zum Färben und gleichzeitigen Vulkanisieren des Kautschuks benutzt wird, ein Sulfid von der Formel $Sb_2S_5$. Er wird erhalten durch Fällung von $SbCl_5$ mittels Schwefelwasserstoff oder von Natriumsulfantimoniat von der Formel $Na_3SbS_4$ (Schlippesches Salz) durch Säuren. Wichtiger als Wasser- und Ölfarbe ist das licht- und luftbeständige Antimonoxysulfid, $Sb_2S_2O$, das wegen seiner carminroten Farbe als **Antimonzinnober** oder **Mineralkermes** bezeichnet wird. Es entsteht durch Einwirkung von Natriumthiosulfat ($Na_2S_2O_3$) auf lösliche Salze des dreiwertigen Antimons, wie z. B. Antimonchlorür, $SbCl_3$, oder Brechweinstein (weinsaures Antimonylkalium). Da es gegen Kalk nicht beständig ist, so läßt es sich leider für die Freskomalerei nicht benutzen.

Eine bleihaltige Antimonverbindung ist das **Neapelgelb** von der Zusammensetzung $Sb_2O_6Pb$ oder $Pb_3(SbO_3)_2(OH)_4$. Es wird als Maler- und Emailfarbe benutzt. **Antimonschwarz** ist ein metallisches Antimonpulver, das zum Bronzieren und unter dem Namen **Eisenschwarz** als Rostschutzmittel für eiserne Gegenstände benutzt wird. Ähnliche „**Bronzefarben**“ haben in neuerer Zeit vielfach Verwendung gefunden und werden auch aus anderen Metallen bereitet, indem man diese fein pulvert, nach dem Mahlen wäscht, schlemmt, trocknet und zur Erzeugung von Anlauffarben erhitzt. Sie dienen außer zum Bronzieren auch im Buch- und Steindruck, in der Wachstuch- und Tapetenfabrikation.

15. **Arsenfarben.** Wichtige Verbindungen der arsenigen Säure mit Kupfer wurden bereits oben als **Scheelesches** und **Schweinfurter Grün** angeführt. Zwei Schwefel-Arsenverbindungen sind das **Auripigment** (**Spanisch-** oder **Chinesisch-Gelb**) und der **Realgar**; ersteres entspricht in seiner Zusammensetzung der Formel

$As_2S_3$ und dient als gelbe Malerfarbe, letzterer ist ein Disulfid von der Formel $As_2S_2$ und wird jetzt kaum mehr zum Färben benutzt. Die Giftigkeit der Arsenfarben hat, wie bereits erwähnt, ihrer gewerblichen Verwendung enge Schranken gezogen.

16. Von den Goldfarben ist am bekanntesten der Goldpurpur des Cassius, nach neuerer Auffassung im wesentlichen aus kolloidalem Gold bestehend. Er wird erzeugt aus Lösungen von Goldsalzen durch Reduktion mit Zinnoxydulverbindungen. In Wasser ist er, je nach den Bedingungen, unter denen er entstanden ist, und je nach dem Lösungsmittel, mit purpurroter bis blauvioletter Farbe löslich und dient, wie verschiedene andere Goldpräparate, in der Porzellan- und Glasmalerei zur Herstellung von violetten bis roten Färbungen. Auch in den echten Rubingläsern findet sich das metallische Gold in feinster Verteilung und zwar wahrscheinlich gleichfalls in kolloidaler Form. Zum Vergolden dient insbesondere in der Porzellanfabrikation das metallische Gold.

Außer den hier genannten Metallen und Metallverbindungen dienen auch noch andere zur Herstellung von Farben, wie z. B. das molybdänsaure Molybdänoxyd unter dem Namen Mineralindigo, das Wismutoxychlorid oder -nitrat als Wismutweiß oder Spanischweiß usw., doch treten sie in ihrer Bedeutung hinter den oben genannten Mineralfarben wesentlich zurück.

Erwähnt zu werden verdient an dieser Stelle wegen seiner Bedeutung der Kohlenstoff als Bestandteil sehr wichtiger schwarzer Farbstoffe, die aus verschiedenen Materialien gewonnen werden. Eine der gewöhnlichsten Methoden zur Darstellung von Schwarz ist die unvollkommene Verbrennung organischer Verbindungen, z. B. von Naphtalin, wobei sich der in ihnen enthaltene Kohlenstoff in feiner Verteilung ausscheidet. Ein derartiges Schwarz ist das Lampenschwarz. Das Beinschwarz erhält man durch Verkohlen von Knochen, das Rebschwarz oder Frankfurter Schwarz in ähnlicher Weise aus Hefe oder Trestern. In neuerer Zeit wird aus Acetylen ein angeblich sehr gutes Schwarz (Acetylenschwarz) erhalten, das etwa 99,8 % Kohlenstoff enthält und bei ausgesprochen schwarzem Ton einen bläulichen Stich besitzt. Von großer Bedeutung sind derartige schwarze Farben, die übrigens streng genommen nicht zu den Mineralfarben gehören, für die Erzeugung der Buchdruckerschwärze, die bekanntlich in großen Mengen zum Drucken der Zeitungen und Bücher usw. verbraucht wird. Nahe verwandt mit diesen, freien Kohlenstoff enthaltenden schwarzen Farben ist das Röstbraun oder Sod, eine Malerfarbe, die hergestellt wird aus geglühtem und geschlemmtem Ruß von Laubhölzern. Diese auch Bister genannte

Farbe ist zu unterscheiden von dem aus Mangansalzen erzeugten Mineralbister (s. S. 18) und einem andern, aus einem organischen Farbstoff (Chrysoidin) erzeugten organischen Bister. Ferner sei hier erwähnt eine aus Braunkohle oder humusartiger Erde gewonnene Umbra, die, zum Unterschied von der mineralischen Türkischen Umbra, Cölnische Umbra genannt wird und die, aus alkalischer Lösung mit Säuren ausgefällt, den braunen Karmin bildet.

Schon diese kurze und unvollkommene Übersicht dürfte genügen, um zu zeigen, daß trotz der großen Zahl von organischen oder Teerfarbstoffen die Erd- und Mineralfarben auch heute noch eine große Bedeutung besitzen. Man darf wohl sagen, daß sie zum Teil, trotz aller Fortschritte in der Herstellung von Teerabkömmlingen, in vielen Fällen geradezu unersetzlich sind, soweit es sich um bestimmte Zwecke mit ihren besonderen Ansprüchen an den Farbton, die Reinheit und Echtheit handelt. Einer der wichtigsten Punkte, der aber vielfach die ihm gebührende Beachtung nicht findet, ist die Auswahl der Farbstoffe für den jeweiligen besonderen Zweck. Die Verwendungsgebiete für die Farbstoffe sind so zahlreich und dabei so verschieden die Ansprüche, daß es wohl begreiflich ist, wenn Farbstoffe, die auf dem einen Gebiete ausgezeichnet ihren Zweck erfüllen, auf einem andern geradezu untauglich sind. Da sind zu unterscheiden die Farbstoffe für die verschiedenen Arten der Malerei, für den Buch-, Tapeten- und Zeugdruck, für die Lackfabrikation, die Färberei der Textilstoffe und anderer technischer und pflanzlicher Stoffe, wie Leder, Papier, Holz, Stroh usw. Es liegt auf der Hand, daß ein Farbstoff, der beispielsweise für die Ölmalerei benutzt werden soll, ganz anderen Anforderungen hinsichtlich der Echtheit zu genügen hat, als ein anderer Farbstoff, der zum Färben etwa von Seide dienen soll. In dieser Beziehung sind gerade in letzter Zeit zwei typische Fälle bekannt geworden, die zeigen, in welchem Masse der Einfluß des Substrates oder der Bindemittel auf den Farbstoff sich bemerkbar macht. Es ist bekannt, daß sowohl der Indigo als auch der in neuerer Zeit aufgefundene Thioindigo z. B. außerordentlich lichtechte Färbungen auf Wolle liefern, während dieselben Farben, als Malerfarben verwendet, in dieser Richtung vollkommen versagen. Selbst wenn es sich um das Färben eines und desselben Stoffes, z. B. der Baumwolle oder der Wolle handelt, wird die Auswahl des Farbstoffes in hohem Maße davon abhängen, welchen Zwecken die gefärbte Wolle oder Baumwolle zu dienen hat. Soll die Wolle zu Polstermöbeln verwendet werden, so wird man einen besonders hohen Grad von

Reibechtheit (s. S. 129) verlangen müssen, dazu freilich auch noch eine gewisse Lichtechtheit, die besonders natürlich bei wollenen oder baumwollenen Vorhangstoffen in Betracht kommt. Umgekehrt wird die Lichtechtheit von untergeordneter Bedeutung sein für einen Stoff, der seiner Bestimmung gemäß kaum vom direkten Sonnenlicht getroffen wird, wie z. B. ein Futterstoff, für den die Schweißechtheit jedenfalls viel wesentlicher ist (weiteres über diesen Gegenstand s. auch auf S. 122).

Je nach ihrer hauptsächlichen Verwendung kann man die Farbstoffe, mehr oder minder willkürlich, einteilen in Maler- und Anstrichfarben, Farben für den Buchdruck, für den Tapetendruck und Zeugdruck, Farbstoffe zum Färben der Textilfasern (Baumwolle, Wolle, Seide, Leinen, Ramié, Jute, Kapok), zum Färben von Leder, Holz, Stroh, Papier, ferner Lackfarben, Schmelz- oder Emailfarben, Glas- und Porzellanfarben usw. Es bedarf kaum der Erwähnung, daß eine große Zahl von Farbstoffen gleichzeitig für verschiedene Verwendungsarten in Betracht kommt, wie dies auch schon aus den Darlegungen über Mineralfarben hervorgeht.

Mal- und Anstrichfarben. Von großer Bedeutung ist bei ihnen das Bindemittel. Danach unterscheidet man Ölfarben, Wasserfarben, Leimfarben, Wasserglasfarben, Gummifarben, Pastellfarben, Tuschen usw.

Bei den Ölfarben wendet man, wie der Name besagt, Öl als Bindemittel an und zwar unter weiterem Zusatz von solchen Stoffen, die das Trocknen der Öle befördern (über Firnis und Siccative s. S. 28ff.).

Zur Darstellung von Ölfarben für die Kunstmalerei werden die feinsten Öle, z. B. Mohnöl unter Zusatz von Wachs, benutzt. In der Aquarellmalerei werden die Farben mit Wasser angerieben. In der Pastellmalerei verwendet man trockene, farbige Stifte, die aus einer Mischung von feinverteilten Farbstoffen und einem farblosen Substrat unter Zusatz von Bindemitteln hergestellt werden. Die chinesische Tusche ist eine mit feinem Ruß gefärbte Leimfarbe, die durch Zusatz von Campher und Moschus ihren eigenartigen angenehmen Geruch erhält.

Je nachdem die Farben die gefärbte Fläche mehr oder minder verdecken oder nicht, unterscheidet man Deckfarben (Körperfarben oder Gouachefarben) und Lasur- oder Saftfarben. Die letzteren enthalten im Bindemittel lösliche Farbstoffe und lassen gegebenenfalls die Zeichnungen der gefärbten Unterlage, z. B. die Maserung des Holzes, deutlich erkennen. Die Farben für den Buch- und Steindruck werden ähnlich wie die Anstrichfarben meist unter Verwendung von Ölen als Bindemittel hergestellt. Man benutzt dazu das sogenannte Dicköl, das durch längeres Kochen von Leinöl erzeugt wird. Zum Färben dient beim Schwarzdruck meist Ruß. Für den Buntdruck verwendet man vorwiegend Erdfarben, oder neuerdings vielfach auch aus organischen Farbstoffen erzeugte Lackfarben. Die Druckfarbe muß ihrer Bestimmung gemäß gewissen Anforderungen entsprechen. Sie muß die richtige Deckkraft haben und rasch trocknen, darf um die bedruckten Stellen keinen gelben Rand geben und vor allem auch beim Druck nicht auslaufen. Zur Herstellung billiger Druckfarben, z. B. für den Zeitungsdruck, sind eine Reihe von Ersatzmitteln des Dicköls, z. B. Teeröle, dickflüssige Mineralöle und aus Kolophonium bereitete Gemische in Vorschlag gebracht worden. Im Tapetendruck wird die Druckfarbe in der Regel mit Wasser angesetzt, gegebenenfalls unter Zusatz wasserlöslicher Bindemittel oder mit Wasser mischbarer Verdickungsmittel. Als Farbstoffe werden wegen ihrer Lichtechtheit die Erdfarben bevorzugt. In neuester Zeit aber sind eine Reihe von Teerfarbstoffen aufgefunden worden, die an Echtheit und Schönheit den Erdfarben für diesen Zweck vollkommen gleichstehen. Sie werden aus ihren wäßrigen Lösungen auf passende Unterlagen (Substrate) niedergeschlagen und dann in anologer Weise wie die Mineralfarben weiter verarbeitet. Bei den sogenannten Samttapeten werden durch Aufdrucken von Leinölfirnis Muster erzeugt, die, mit gefärbter Wolle oder mit Sägemehl bestreut, einen samtartigen Eindruck erwecken.

Bei der großen Bedeutung, die den Bindemitteln für die Zubereitung der Farben und für die Erzeugung der Färbungen zukommt, sei an dieser Stelle einiges über die Darstellung der Firnisse und Lacke angeführt. Unter Firnissen versteht man ölartige, meist schwer bewegliche Flüssigkeiten, die, in dünnen Schichten aufgestrichen, schnell trocknen und dabei auf der Unterlage einen mehr oder minder durchsichtigen Überzug hinterlassen. Die Bezeichnung „Lack“ wird in so verschiedenartiger Bedeutung gebraucht, daß es angezeigt erscheint, einiges darüber an dieser Stelle zu sagen. Vielfach versteht man unter Lacken (Lackfirnissen) firnisartige Lösungen von Harzen in Terpentinöl unter Zusatz z. B. von Leinöl. Auf der andern Seite aber nennt man Lacke (Farblacke) auch schwer lösliche oder unlösliche Verbindungen von Farbstoffen mit Metalloxyden, z. B. solchen des Aluminiums, Eisens, Chroms, Kupfers, Zinns usw. Sie werden meist in Gegenwart eines Substrats erzeugt, sei es einer Textilfaser, wie Wolle oder Baumwolle, oder eines anorganischen, meist unlöslichen Salzes, wie Bariumsulfat oder Tonerde u. dergl. In der Regel werden sie im Augenblick der Entstehung auf dem Substrat niedergeschlagen in einer gegen die Einwirkung von Lösungsmitteln mehr oder minder beständigen Form. Eine etwas andere Bedeutung verbindet man schließlich mit dem Worte „Lackfarben"; und zwar ist mit Lackfarbe entweder eine Farbe gemeint, die gleichzeitig ein Lack ist, wie dies z. B. für den roten Carmin, den Tonerdelack des Cochenillefarbstoffes, zutrifft, oder man legt den Hauptnachdruck auf die Tatsache, daß der Farbstoff sich zum Färben von Lacken, also Lackfirnissen, verwenden läßt, wie z. B. die spritlöslichen Teerfarbstoffe.

Was nun die oben erwähnten Firnisse anlangt, so unterscheidet man in der Hauptsache, je nach ihren wesentlichen Bestandteilen, drei Arten: die fetten Firnisse, die Terpentinölfirnisse und die alkoholischen Firnisse.

Die erstgenannten sind die besten und haltbarsten. Da aber der Hauptbestandteil, das fette Öl, sehr schwer flüchtig ist, so trocknen sie langsamer als die mittels flüchtiger Lösungsmittel, wie Terpentin oder Alkohol, hergestellten Firnisse. Unter den fetten Ölen ist am wichtigsten das Leinöl, welches aus dem Samen des Leins (Linum usitatissimum) gewonnen wird. Die Fähigkeit des Leinöls an der Luft zu trocknen, d. h. unter der Einwirkung des Sauerstoffs allmählich eine mehr oder minder harzartige Beschaffenheit anzunehmen, ist zurückzuführen auf die im Leinöl in Form eines Glycerids (Glycerinester) enthaltene Leinöl- oder Linolsäure, eine doppelt ungesättigte Fettsäure, die mit der Stearinsäure nahe verwandt ist. Ähnliche Eigenschaften wie das Leinöl besitzen auf Grund eines Leinölsäuregehalts (stets in Form der Glyceride) das Mohnöl, das Hanföl und das Nußöl, während diejenigen Glyceride, die, wie z. B. Baumöl, Olivenöl, Rapsöl, Rüböl, Mandelöl, Lebertran usw., an Stelle der Leinölsäure, die Oleïnsäure enthalten, die Fähigkeit des Trocknens nicht besitzen und daher auch zur Bereitung von Firnissen nicht anwendbar sind. Die trocknenden Eigenschaften des Leinöls werden erhöht durch Zusatz gewisser Metallsalze oder Metalloxyde, wie z. B. Bleiweiß, Bleizucker, Bleiglätte, Mennige, vor allem aber durch Zusatz von Mangansalzen, wie leinölsaures oder borsaures Manganoxyd. Alle diese Zusätze üben einen verseifenden Einfluß auf die Glyceride aus. Es entstehen z. B. durch den Zusatz von Bleiweiß zu kochendem Leinöl Bleisalze der Leinölsäure. Neben der Verseifung tritt aber gleichzeitig eine Oxydation des Leinöls ein, d. h. eine mit Gewichtszunahme verbundene Aufnahme von Sauerstoff an der Stelle der doppelten Bindung. Diejenigen aus Leinöl oder Mohnöl erzeugten Firnisse, die einen höheren Gehalt an Metallsalzen der eben erwähnten Art aufweisen, werden wegen ihrer Fähigkeit, das Trocknen des Leinöls zu befördern, als Siccative (von dem lateinischen Wort siccare = trocknen) bezeichnet. Die Überführung des Leinöls in Firnis durch Vermittlung der oben erwähnten Metallverbindungen erfordert ein etwa 7-stündiges Kochen. Unterstützt wird die Wirkung jener Zusätze durch Einblasen von Luft während des Kochens. Vielfach wird das Leinöl während des Kochens außer mit Metallsalzen noch mit vorher geschmolzenen Harzen, wie Kopal oder Bernstein, versetzt, unter schließlichem Zusatz von Terpentinöl, welches dem Lackfirnis die richtige Beschaffenheit verleihen soll. Auf diese Weise erhält man die feineren, auch in der Kunstmalerei anwendbaren Kopal- nnd Bernsteinfirnisse. Einen weniger guteu Firnis (Harzfirnis) erhält man durch Lösen von Kolophonium oder Harz, dem Rückstand von der Destillation des Terpentinöls, in heißem Leinöl. Verwendet man statt des Leinöls als Lösungsmittel für Kopal und Bernstein das bei der Destillation von Colophonium übergehende Harzöl, so erhält man die Harzölfirnisse. Ein besserer Zusatz als Kolophonium ist das durch Erhitzen von Kolophonium mit Glycerin erhältliche Esterharz, angeblich ein Glycerinester der Harzsäure.

Die zweite Art der Firnisse, die Terpentinölfirnisse, erhält man durch Lösen von Harzen, wie z. B. Dammaraharz, in Terpentinöl, vielfach unter Zusatz von Leinöl oder anderen Stoffen, die entweder dazu dienen, eine bessere Löslichkeit herbeizuführen, oder die Sprödigkeit des nach dem Verdunsten des Terpentinöls hinterbleibenden Harzes zu verringern, weshalb man die Terpentinölfirnisse auch in Mischung mit Leinölfirnissen anwendet. Wegen seines hohen Preises wird das Terpentinöl in neuerer Zeit häufig durch billige Öle ersetzt, z. B. hochsiedendes Petrolbenzin, Solventnaphta (aus dem Steinkohlenteer), Harzöl aus Kolophonium, Spicköl, Lavendelöl u. dergl.

Am wenigsten dauerhaft sind diejenigen Firnisse oder Lacke, bei denen Alkohol als Lösungsmittel verwendet wird. Da Alkohol nach dem Aufstreichen binnen kurzem sich vollkommen verflüchtigt, so trocknen diese Lacke sehr rasch, sind dafür aber in der Regel so spröde, daß sie sich sehr leicht von ihrer Unterlage wieder entfernen lassen. Sie erfordern daher, wenn sie einigermaßen weitergehenden Ansprüchen an ihrer Beständigkeit genügen sollen, einen Zusatz, der ihre Geschmeidigkeit und Elastizität erhöht. Im übrigen ist die Zahl der Variationen bei der Zubereitung von Firnissen und Lacken und die Kombinationsmöglichkeit so unendlich groß, daß es leicht ist, für jeden Fall die richtigen Bestandteile und die zweckmäßigsten Mengenverhältnisse ausfindig zu machen. Als gebräuchliche Bestandteile von Firnissen und Lacken seien hier noch erwähnt: Schellack (aus Gummilack), Sandarac, Mastix, Elemi (Ölbaumharz) Kautschuk, Celluloid, Asphalt usw. Dazu kommt die große Zahl der Farbstoffe, sowohl der Erdfarben als auch der Teerfarbstoffe, die zum Teil in Lösung angewendet werden, wie die schwarzfärbenden Nigrosine und die anderen spritlöslichen Farbstoffe, z. B. für Lederlack, zum Teil in ungelöstem Zustande als Pigment- oder Körperfarben. Die Mischung der Lacke mit Körperfarben erfolgt zweckmäßig in Farbenreibmaschinen, denn es kommt hierbei sehr viel auf eine vollkommen gleichmäßige Verteilung an.

Unter Emailfarben versteht man solche, meist zum Anstreichen benutzte Lacke, die durch einen besonders schönen Glanz und ihre Widerstandsfähigkeit ausgezeichnet sind. Auch sie werden aus den gewöhnlichen Bestandteilen Firnis und Terpentinöl unter Zusatz von Kopal, Bernstein, Dammaraharz oder ähnlichen Harzen in besonders sorgfältiger Weise und aus guten Materialien hergestellt.

Weit verschieden von den eben genannten Emailfarben und mit ihnen nicht zu verwechseln sind die eigentlichen Email- oder Schmelzfarben, die lediglich aus anorganischen Bestandteilen aufgebaut sind und eine den Gläsern ähnliche Beschaffenheit aufweisen. Als basischen Bestandteil enthalten sie statt Kalk meist Bleioxyd, und zudem ist ein Teil der Kieselsäure durch Borsäure ersetzt. Sie sind infolgedessen leicht schmelzbar und dienen, durchsichtig oder undurchsichtig, zum Belegen von Porzellan, Tonwaren, Glas und Metallen (s. S. 32). Man verwendet sie sowohl farbig als auch farblos. Zur Erzeugung undurchsichtiger Schmelzgläser dient die Zinnasche ($SnO_2$). Grüne Email erhält man durch Zusatz von Kupferoxyd oder Chromoxyd, blaue durch Kobaltoxyd. Diejenigen Schmelzgläser, die zum Überziehen eiserner Gebrauchsgegenstände dienen (Kochtöpfe usw.), müssen bleifrei sein; sie enthalten als saure Bestandteile außer Kieselsäure und Borsäure noch Phosphorsäure. Auf ähnliche Weise wie die gefärbten Emaillen, werden die gefärbten Gläser hergestellt. Auch hierzu dienen entweder die Metalloxyde oder die freien Metalle, wie Kupfer, Silber und Gold, die sich in geringen Mengen im Glas auflösen, wahrscheinlich in colloidaler Form (s. S. 32). Durch Metalloxyde werden z. B. folgende Färbungen erzielt: Durch Chromoxyd erhält man schon bei Verwendung geringer Mengen ein lebhaftes gelbstichiges Grün, mit Mangansuperoxyd ein Violett, durch viel Manganoxyd ein Schwarzviolett; Manganoxydulsilikat ist farblos; daher werden violette Mangangläser durch Reduktionsmittel entfärbt. Eine Mischung aus Mangansuperoxyd und Eisenoxyd liefert ein Braun, Eisenoxyduloxyd ein Flaschengrün. Eisenoxydul allein erzeugt ein bläuliches Grün, Eisenoxyd allein gleichfalls Grün, aber schwächer als Eisenoxydul, bei gleichzeitiger Gegenwart von Bleioxyd ein Gelb bis Braun und Rot. Mit Nickeloxyd erzielt man ein rötliches Braun. Sehr geschätzt ist das durch Kobaltoxydul erhältliche intensive Blan (s. Smalte auf S. 20). Durch reines Kobaltoxyd wird der Ton nach violett verschoben, durch gleichzeitigen Zusatz von Eisen oder Kupfer jedoch nach reinem Blau; Nickel und Kobalt zusammen färben braunviolett.

Von Interesse sind auch die mit den freien Metallen erhältlichen Anlauffarben der Gläser, die ihren Namen daher haben, weil sie erst dann hervortreten, wenn man nach dem Auflösen des Metalls im Glase und nach dem Erkalten wieder anwärmt. Die gebräuchlichsten Anlauffarben werden mit Hilfe der Metalle Kupfer, Silber und Gold erzielt. Kupfer färbt in Bleiglas aufgelöst rubinrot. Statt des metallischen Kupfers verwendet man jedoch in der Regel Kupferoxyd oder Kupferoxydul, $Cu_2O$, unter Zusatz eines Reduktionsmittels. Mit Silber erhält man ein leuchtendes Gelb, mit Gold das bekannte Rubin, wobei 0,01 % Gold bereits genügt, um ein schönes blaustichiges .Rot hervorzubringen.

Nahe verwandt mit den Glasfarben sind die Porzellanfarben, die man je nach ihrer Anwendung unterscheidet als Unterglasur- oder Scharffeuerfarben und als Muffel- oder Emailfarben im engeren Sinne. Die Unterglasurfarben werden nach dem ersten Brand auf den „Scherben“ aufgetragen, alsdann mit der Glasurmasse überzogen und nun im Scharffeuer gebrannt, während die Emailfarben erst nach dem zweiten Brand auf das fertige Porzellan aufgetragen und bei wesentlich niedrigerer Temperatur in Muffelöfen auf ihrer Unterlage befestigt werden. Da im Scharffeuer mit reduzierender Flamme geheizt werden muß, um ein weißes Porzellan zu erhalten, so müssen die Unterglasurfarben gegen die reduzierenden Wirkungen des Feuers beständig sein, eine Forderung, der nur wenige Metalloxyde genügen. Am geeignetsten sind Kobaltoxydul für Blau, Chromoxyd für Grün, chromsaures Zinnoxyd für Rot (Pinkfarbe) und Uranoxydul für Schwarz. Die Emailfarben für Glas sind bereits erwähnt worden (s. S. 31), für Porzellan gilt ähnliches. Durch Anwendung verschiedener Metalloxyde kann man fast jeden gewünschten Farbton erzielen, genau wie dies bei den Glasuren der Fall ist. Vor dem Auftragen auf Porzellan werden die färbenden Bestandteile mit einem glasartigen Flußmittel,

z. B. einer Mischung aus Mennige, Quarz und Borax, zusammengeschmolzen, fein gepulvert, mit Terpentinöl auf die Glasur aufgetragen und schließlich gebrannt.

Erwähnt sei an dieser Stelle noch kurz eine besondere Art von anorganischen Farben, die unmittelbar auf ihrer Unterlage erzeugt werden nach einem Verfahren, das man als Metallochromie bezeichnet. Es entstehen so z. B. die Anlauffarben auf Stahl, die wohl im wesentlichen als Eisenoxyduloxyd anzusehen sind. Ähnlich zusammengesetzt ist die braune Schicht, die beim sogenannten Brünieren auftritt (angewendet z. B. bei Gewehrläufen). Wird das Verfahren auf Kupfer übertragen, so erhält man infolge Bildung einer braunen Schicht von Kupferoxydul die braune Bronze, während durch Erzeugung von Kupferoxyd die schwarze Bronze (für optische Instrumente) entsteht. Das sogenannte oxydierte Silber bildet sich durch Erzeugung einer oberflächlichen Schicht von Schwefelsilber. Auch auf Metalllegierungen kann man je nach dem angewandten Verfahren verschiedene Farbenwirkungen hervorbringen.

Viel benutzt bei den eben genannten Verfahren wird das sogenannte Bronziersalz, Antimontrichlorid $(SbCl)_3$, das auf die blanken Metalle aufgestrichen wird, worauf man poliert und zum Schluß mit Wachs oder Firnis den gewünschten Glanz erzeugt.

## III. Die Teerfarbstoffe.

### 1. Ihre volkswirtschaftliche und technische Bedeutung.

Wenn auch, wie aus dem bisher Gesagten hervorgeht, die Verwendung der aus dem Pflanzen- und Mineralreich stammenden Farbstoffe eine außerordentlich vielseitige ist, so werden sie doch an Bedeutung bei weitem übertroffen durch die künstlichen organischen Farbstoffe, die wegen ihrer fast ausschließlichen Gewinnung aus Teerprodukten meist kurzweg als Teerfarbstoffe bezeichnet werden.

Die Bedeutung dieser Art von Farbstoffen beruht einerseits darauf, daß die Teerfarbstoffe mehr als irgend eine andere Gruppe von Farbstoffen den verschiedenartigsten Bedürfnissen zu entsprechen vermögen, wie sie durch die zu färbenden Materialien und ihren Verwendungszweck bedingt sind, anderseits aber auch auf dem Einfluß, den die Teerfarbenindustrie auf die gesamte Volkswirtschaft, insbesondere gerade in Deutschland ausübt. Nicht nur durch die Höhe der in dieser Industrie angelegten Kapitalien, durch die Zahl der in ihr beschäftigten Arbeiter und durch die an diese gezahlten hohen Lohnsummen, sondern auch durch ihren Anteil an dem deutschen Außenhandel und durch die engen Beziehungen, die diese Art von gewerblicher Betätigung mit anderen Zweigen der chemischen Industrie verknüpfen. Es seien in dieser Richtung einige Zahlen angeführt, die zur Erläuterung des eben Gesagten dienen mögen. Das Aktien- usw. Kapital der deutschen Teerfarbenfabriken hat gegenwärtig wohl den Betrag von etwa 150 Millionen erreicht. Die Zahl der in diesem Industriezweig beschäftigten Arbeiter kann auf etwa 25 000 veranschlagt werden und der im Lauf eines Jahres an sie gezahlte Lohn auf 25 bis 30 Millionen Mark. Außer einem Stab von etwa 2500 Ingenieuren, Technikern und kaufmännischen Beamten bilden etwa 900 Chemiker mit abgeschlossener Hochschulbildung die eigentliche treibende Kraft im Betrieb und Laboratorium. Den Wert der jährlich in den etwa 20 deutschen Farbenfabriken erzeugten Farbstoffe schätzt man auf etwa 200 Millionen Mark. Davon wird nur ein Viertel im Inlande verbraucht, während nahezu drei Viertel der ganzen Erzeugung nach allen Teilen der Erde ausgeführt werden (die gesamten in der chemischen Industrie tätigen Arbeiter werden zu 160 000 und der Wert der Jahreserzeugung auf etwa eine Milliarde Mark angegeben). Dieses Ergebnis ist um so erfreulicher, als vor dem Aufblühen der deutschen Teerfarbenindustrie der gesamte Bedarf Deutschlands an Textilfarbstoffen aus dem *Auslande* bezogen werden mußte. Diese hervorragenden Erfolge wurden ermöglicht durch die innige Verbindung zwischen Wissenschaft und Technik, die von jeher in Deutschland auf dem Gebiete der Teerfarbenfabrikation bestanden hat und auch heute noch die Grundlage ihres Gedeihens bildet. Alle größeren Farbenfabriken sind nicht nur mit Betriebs- sondern auch mit wissenschaftlichen Laboratorïen ausgestattet, deren Einrichtungen sich denjenigen unserer Hochschulen wohl an die Seite stellen können. Ihnen entsprechen die wissenschaftlichen Arbeiten, die in den deutschen Farbenfabriken ausgeführt werden und die zum Teil einen wertvollen, sorgsam gehüteten geistigen Besitz darstellen, zum Teil aber, in Form von fPatenten, Technik und Wissenschaften gleichmäßig befruchtend und ördernd, zur allgemeinen Kenntnis gelangen.

Der große Bedarf an Ausgangsmaterialien und Hilfsstoffen hat die Farbenfabriken sehr bald dazu geführt, deren Herstellung selbst zu übernehmen. Die gewohnte wissenschaftliche Durchdringung aller technischen Methoden hat dann binnen kurzem auch auf diesen neuen Gebieten ihre Früchte getragen, und manche wertvolle Verbesserung in der Erzeugung der anorganischen Hilfsstoffe verdankt ihr Zustandekommen den im Laboratorium begonnenen und im Betrieb fortgesetzten, aber stets von wissenschaftlichem Geiste durchdrungenen Untersuchungen der Teerfarbenfabriken. Ein Beispiel unter vielen ist die Darstellung der Schwefelsäure nach dem Platinkontaktverfahren, das seine erste technische Durchbildung zwar den ausgezeichneten Arbeiten von Clemens Winkler verdankt, das aber seine weitere Vervollkommnung, in einer den Bedürfnissen der Technik angepaßten Form, erst in einer deutschen Teerfarbenfabrik, der Badischen Anilin- und Sodafabrik, erlangte, auf Grund der glänzenden Untersuchungen von Rudolf Knietsch.

Außer diesem sind es dann in neuester Zeit noch andere Probleme auf dem Gebiete der anorganischen Chemie gewesen, an deren Förderung die Teerfarbenfabriken einen hervorragenden Anteil genommen haben, so z. B. die Elektrolyse der Alkalichloride behufs Gewinnung von Chlor auf der einen, von Ätznatron und Ätzkali auf der andern Seite, ferner die Gewinnung von Salpetersäure durch Oxydation von Ammoniak und von Salpetersäure sowie salpetriger Säure und ihren Salzen aus dem Stickstoff der Luft. Auch neue Methoden zur Erzeugung von Ammoniak, sei es durch direkte Vereinigung von Stickstoff und Wasserstoff, sei es auf dem indirekten Wege über die Carbide und Nitride, haben sich der tatkräftigen Unterstützung der Farbenfabriken erfreuen dürfen. Diese zunächst für die gesamte chemische Industrie Deutschlands erfreuliche Entwicklung der Dinge hat weiterhin aber auch der Textilindustrie im allgemeinen und der Färberei im besonderen große Vorteile gebracht, und zwar weniger dadurch, daß sie vom ausländischen Bezug unabhängig wurde, sondern vor allem auch im Hinblick auf die Beschaffenheit der Farbstoffe, die ihr in reichster Auswahl und in stets gleichbleibender Beschaffenheit zu Gebote stehen, und zwar zu Preisen, die ganz erheblich niedriger sind als die früher an das Ausland gezahlten. Es wird sich später bei der Besprechung der Indigofarbstoffe Gelegenheit bieten, das Gesagte an einem besonders treffenden Beispiel zu erläutern.

## 2. Ihre Geschichte.

Wenden wir unsere Blicke zurück auf die Zeit kurz vor dem Aufblühen der Teerfarbenindustrie! Welche Farbstoffe standen um die Mitte des 19. Jahrhunderts der deutschen Textilindustrie zur Verfügung? Der uralte Waidbau, der in früheren Jahrhunderten eine Quelle der Wohlhabenheit und des Reichtums für viele deutsche Gauen, in Thüringen und Meißen, in der Mark, in der Lausitz und am Niederrhein gebildet hatte, war gänzlich untergegangen in den furchtbaren Stürmen des Dreißigjährigen Krieges, nachdem der ausländische, aus Indien und später insbesondere aus dem mittleren Amerika (Antillen und Südkarolina) stammende Indigo schon vorher angefangen hatte, dem deutschen Waid seinen Rang streitig zu machen. Alle späteren Versuche, die im 18. und 19. Jahrhundert unternommen wurden, die bedrohte Stellung des Waids zu retten, erwiesen sich als erfolglos. Er blieb dem Untergange geweiht. Ähnlich erging es dem deutschen Kermes, der zunächst durch den levantinischen Kermes und dann durch die Cochenille last gänzlich verdrängt wurde, und den Flechtenfarbstoffen, an deren Stelle die Orseille trat. Auch die gelben Farbstoffe, Wau, Ginster, Scharte und Saflor, waren durch Gelbbeeren, Gelbholz und Quercitron ersetzt worden, ebenso wie zum Schwarzfärben Blauholz und die ausländischen gerbstoffhaltigen Materialien Verwendung fanden. Nur der Krapp machte eine Ausnahme. Zwar auch er war heruntergesunken von seiner früheren Stellung, und statt daß Deutschland wie ehedem diesen wertvollen Farbstoff in großen Mengen nach dem Ausland ausführte, reichte der eigene Anbau nicht aus, um den heimischen Bedarf zu befriedigen. Von Frankreich und aus dem Orient mußte der deutsche Färber seinen Krapp beziehen. Da war es im Jahre 1856 die kühne Idee eines deutschen, in London tätigen Chemikers, die einen völligen Umschwung der Verhältnisse herbeiführen sollte. Zwar nicht mit einem Schlag, sondern allmählich, dem Steine vergleichbar, der zur unwiderstehlichen Lawine wird. Heute, nach kaum mehr als 50 Jahren ist der Umschwung vollzogen, wie ja die oben erwähnte deutsche Ausfuhr im Betrage von 150 Millionen Mark zur Genüge beweist. Es war eine eigentümliche Fügung des Schicksals, daß nicht in Deutschland, sondern in England jenes grundlegende Ereignis sich vollzog, das, in gigantischem Maßstabe wiederholt und variiert, den Inhalt der heutigen Teerfarbenfabrikation darstellt. Die Synthese des ersten organischen Farbstoffes aus einem Teerabkömmlinge. Der deutsche Chemiker A. W Hofmann, der im Jahre 1856 seine Lehrtätigkeit in London ausübte, beauftragte seinen Schüler W H. Perkin mit der Aufgabe, aus Anilin ein schon damals hochgeschätztes Fiebermittel, das Chinin, darzustellen. Bei der Verfolgung seiner Aufgabe fand Perkin zu seiner freudigen Überraschung, daß Anilin, mit Oxydationsmitteln behandelt, einen Farbstoff liefert, den er wegen seines bläulichroten, an Malven erinnernden Farbentones mit dem Namen Mauveïn belegte und den er kurz darauf auch unter diesem Namen oder als „Tyrischen Purpur“ in den Handel brachte.

Durch diese Entdeckung, obwohl sie im Grunde genommen nicht einmal die erste auf diesem Gebiete war, denn man hatte schon im Jahre 1771 einen gelben Farbstoff von großer Farbstärke, die Pikrinsäure, dargestellt undseit dem Jahre 1845 auch zum

Färben benutzt, war die Bahn eröffnet für eine unabsehbare Kette von glänzenden Erfindungen, die es vermochten, in dem kurzen Zeitraum von fünf Jahrzehnten große Industrien zu schaffen, deren blühender Zustand die sichere Gewähr dafür bietet, daß sie auch in Zukunft die wichtige Aufgabe zu erfüllen imstande sind, die ihre gegenwärtige volkswirtschaftliche Bedeutung ihnen zuweist.

Eine zweite Erfindung, die sich an die PERKINsche anschloß, war 1858 die Darstellung des wegen seines fuchsiaroten Tones „Fuchsin" genannten Farbstoffes. Obwohl auch an dessen Entdeckung HOFMANN beteiligt war, so waren es doch wiederum zwei Ausländer, die Franzosen VERGUIN und RENARD, die die technische Verwertung dieser Erfindung sich angelegen sein ließen. Erst in den 60er Jahren des vergangenen Jahrhunderts regten die großen finanziellen Erfolge, die mit der Darstellung der ersten Anilinfarbstoffe und ihrer Abkömmlinge erzielt wurden, auch deutsches Kapital dazu an, sich dem neuen Industriezweig zuzuwenden. In jene Zeit fällt die Gründung der meisten deutschen Farbenfabriken: 1862 wird die jetzige Firma Farbwerke vorm. Meister, Lucius & Brüning zu Höchst a. M. gegründet, 1863 die Firma Kalle & Co. zu Biebrich a. Rh., 1865 die Badische Anilin- und Sodafabrik zu Ludwigshafen a. Rh., 1867 die Aktien-Gesellschaften für Anilinfabrikation in Berlin, 1870 die Firma Leopold Cassella & Co. in Frankfurt a. M. Die schon damals bestehenden Firmen, Farbenfabriken vorm. Friedr. Bayer & Co. zu Elberfeld und K. Oehler zu Offenbach a. M. (letztere jetzt zur Firma Chemische Fabrik Griesheim-Elektron gehörig), nahmen die Fabrikation von Anilinfarbstoffen schon 1860 auf.

Ein Ereignis von weittragender Bedeutung war die künstliche Darstellung des Farbstoffes der Färberröte, des Alizarins. Nachdem GRAEBE und LIEBERMANN erkannt hatten, daß das Alizarin nicht, wie ursprünglich angenommen, ein Abkömmling des Naphtalins, sondern vielmehr des Anthracens sei, schritten sie alsbald mit glänzendem Erfolge zur Synthese dieses wertvollen Farbstoffs. Nach ihnen war es CARO, der die technische Darstellung weiter vervollkommnete, so daß der natürliche Krapp binnen kurzem vom Markte verdrängt und sein Anbau in Deutschland aufgegeben wurde. Anfangs der siebziger Jahre wurde durch A. BAEYER die Gruppe der farbenprächtigen Phtaleïne (s. S. 77) erschlossen, unter denen die Eosine am wertvollsten waren. Ihnen tritt würdig zur Seite das Methylenblau (s. S. 81), für dessen Darstellung im Jahre 1877 von CARO ein brauchbares Verfahren aufgefunden wurde. Inzwischen hatte man gelernt, eine schon in den sechziger Jahren von PETER GRIESS entdeckte Reaktion der Farbentechnik dienstbar zu machen, die auffallenderweise im Anfang nicht die ihr gebührende Beachtung gefunden hatte. Nachdem man aber einmal erkannt hatte, ein wie ausgezeichnetes Mittel zur Gewinnung einer unabsehbaren Reihe von Farbstoffen (Azofarbstoffe, s. S. 74) in den reaktionsfähigen Diazoverbindungen (s. S. 55f.) an die Hand gegeben war, hat man bis auf den heutigen Tag nicht aufgehört, sich dieser in Hunderten von Fällen bewährten Reaktion immer aufs neue wieder zu bedienen, so daß die Zahl der auf diese Weise erhaltenen und täglich in Tausenden von Kilo verbrauchten Farbstoffe die aller andern Farbstoffe zusammengenommen wohl weit übertrifft.

Zunächst waren es nach dem Chrysoidin und Bismarckbraun (s. S. 110) die roten und blauroten Wollfarbstoffe, die Ponceaus und Bordeaux, die unter Benutzung der Griessschen Reaktion dargestellt wurden und die ihrerseits zum tatkräftigen Ausbau des großen Gebietes der Naphtalinabkömmlinge den unmittelbaren Anlaß gaben. Auf die Ponceaus und Bordeaux folgten 1882 und 1885 die blauschwarzen und schwarzen Wollfarbstoffe, die Naphtol- und Naphtylaminschwarz, die in vielen Fällen einen wichtigen Ersatz für Blauholz zu bilden vermögen.

Von ebenso großer Tragweite war die Auffindung der substantiven oder Benzidin-Farbstoffe, die ohne Mithilfe einer Beize unmittelbar aus ihrer wässerigen salzhaltigen Lösung auf Baumwolle gefärbt werden konnten und auf Grund dieser einfachen Anwendungsweise den Färbern höchst willkommen waren, da sie das nicht nur umständliche, sondern auch kostspielige vorherige Beizen der Baumwollfaser überflüssig machten. Zu Beginn der neunziger Jahre war es dann das Gebiet der Alizarinfarbstoffe, das erneut in den Vordergrund des Interesses trat, nachdem die beiden vorhergehenden Jahrzehnte sich mit der Verdrängung des Krapps durch das synthetische Alizarin und der Erzeugung einiger weiterer Alizarinabkömmlinge begnügt hatten.

Gegen Ende der neunziger Jahre sollte dann auch endlich ein Problem seine Lösung finden, nach dessen Verwirklichung man beinahe zwei Jahrzehnte hindurch mit einem unermeßlichen Aufwand geistiger Arbeit und materieller Opfer gestrebt hatte. Es ist dies die Darstellung des Pflanzenindigos auf synthetischem Wege. Im Jahre 1897 konnte mit der fabrikmäßigen Darstellung des nach dem Heumannschen Verfahren dargestellten künstlichen Indigos begonnen werden, der alsbald seinen Siegeszug über den ganzen Erdball unternahm und sich seinem natürlichen Nebenbuhler nicht nur als gleichwertig, sondern auf Grund seiner größeren Reinheit und seiner gleichmäßigeren Beschaffenheit als überlegen erwies. Während auf den bisher betretenen Gebieten mit unvermindertem Eifer weitergearbeitet wurde und auch beim Ausbau der sog. Schwefelfarbstoffe (s. S. 82ff.) Erfindung sich an Erfindung reihte, wodurch die deutsche Teerfarbenindustrie weiter emporwuchs über die aller andern Länder und ihre Erzeugung von Jahr zu Jahr steigerte, war ihr zu Beginn unseres Jahrhunderts ein neuer großer Erfolg auf dem Gebiete der Küpenfarbstoffe (s. S. 84), zu denen auch der Indigo gehört, beschieden und zwar durch die Synthese der Thioindigofarbstoffe (s. S. 85) durch Friedländer. Die Bedeutung dieser Erfindung beruht, von allem andern abgesehen, auf dem Umstande, daß der Indigo und seine Abkömmlinge ohne Ausnahme bis dahin nur ein mehr oder minder rotes bis grünes Blau lieferten, während man nunmehr durch die Erschließung des großen Gebietes der Thioindigofarbstoffe imstande ist, sämtliche Farben des Spektrums auf der Textilfaser mittels echter Küpenfarbstoffe zu erzeugen.

### 3. Ihre Ziele.

Verhältnismäßig kurz ist der Zeitraum von 50 Jahren seit der Begründung der Teerfarbenindustrie, und doch welche gewaltige Arbeit ist in dieser Spanne Zeit geleistet worden, sowohl auf dem Gebiet der Technik, als auch auf wissenschaftlichem Gebiete! Welche Umwandlungen hat die Volkswirtschaft auf der einen, die Färberei auf der andern Seite durch die glänzende Entwicklung dieser Industrie erfahren, und doch deutet nichts darauf hin, daß diese Entwicklung als abgeschlossen zu betrachten ist. Im Gegenteil: Wir stehen vielleicht nur am Anfang einer weiteren Periode großer Entdeckungen und Erfindungen, denn die geistigen Spannkräfte und die gewaltigen Machtmittel, die heute die Grundlage dieser großen Industrie bilden, sie drängen nach Betätigung auch in der Zukunft.

Ein Ausruhen auf den im heißen Kampfe errungenen Lorbeeren gibt es weder für den einzelnen, noch für die Gesamtheit. Denn ist auch vieles erreicht, so bleibt doch noch genug übrig an naheliegenden Aufgaben, die sich unmittelbar der Betrachtung darbieten. Da ist vor allem der Ersatz der noch immer in erheblichen Mengen verbrauchten Pflanzenfarbstoffe, nicht minder aber auch solcher Mineralstoffe, die wegen ihrer Giftigkeit oder ihrer mangelnden Echtheitseigenschaften die Aufsuchung besserer Ersatzmittel dringend erheischen. Bei der Synthese des Alizarins und des Indigos ist die Natur selbst unsere Lehrmeisterin gewesen, und sie hat die Gelehrigkeit ihrer Schüler mit reichem Erfolg belohnt. Es wäre aber irrtümlich anzunehmen, daß auch in anderen Fällen eine genaue Nachbildung der natürlichen Vorlage den einzig richtigen Weg bildet. Was z. B. den Farbstoff des Blauholzes, das Hämatein (s. S. 10) anlangt, dessen genaue Zusammensetzung in allen seinen Teilen uns heute noch immer verborgen ist, so muß es sehr fraglich erscheinen, ob es sich jemals lohnen wird, die Synthese dieses Farbstoffes technisch durchzuführen, wenn seine Konstitution in allen ihren Einzelheiten aufgeklärt ist. Man kann im Gegenteil voraussehen, daß in diesem besonderen Falle, in dem es sich um die Erzeugung einer höchst verwickelt gebauten Substanz handelt, die Natur, ebenso wie bei der Erzeugung unserer Nahrungsmittel, noch auf Jahrzehnte, vielleicht sogar auf Jahrhunderte hinaus wesentlich vorteilhafter arbeitet, als ein selbst mit allen Errungenschaften der Neuzeit ausgestatteter Fabrikbetrieb. Aber dennoch werden alle diese Ergebnisse zähen und unermüdlichen Forscherfleißes, die darauf abzielen, den Schleier zu lüften, den die Natur um ihre Erzeugnisse gewoben hat, nicht ungenutzt bleiben. Die Erkenntnis des Aufbaues jener großen Zahl von natürlichen Farben, wie des Morins, des Fisetins, des Quercetins, Rhamnetins, Luteolins und wie sie alle heißen, sie hat uns vor allem genauen Aufschluß gegeben über den Zusammenhang zwischen der Konstitution und den färberischen Eigenschaften der Farbstoffe, und diese wertvollen Fingerzeige der Natur wird sich die Farbentechnik auch in Zukunft nach Bedarf zunutze machen, in ähnlicher Weise, wie dies die ihr naheverwandte pharmazeutische Technik in bezug auf die Nachbildung der Pflanzenheilmittel bisher schon mit bestem Erfolg getan hat. Ist es dieser auch nicht gelungen und wird es ihr auch in absehbarer Zeit nicht gelingen, das einst so heiß umstrittene Problem der Darstellung von Chinin auf künstlichem Wege zu lösen, so hat doch die genaue Erforschung der chemischen Zusammensetzung jenes Fiebermittels ihre reichen Früchte getragen, denn es gelang, eine Reihe wertvoller Ersatzmittel auf dem Wege der chemischen Synthese darzustellen, die in einer mehr oder minder engen Beziehung zum natürlichen Vorbild stehen. Auch hat, wie bekannt, der Versuch, Chinin auf künstlichem Wege darzustellen, zur Auffindung eines der wichtigsten Fiebermittel, des Antipyrins, geführt.

### 4. Die Ausgangsmaterialien. (Der Teer und seine Verarbeitung.)

Wie der Name besagt, entstammen die künstlichen organischen Farbstoffe in letzter Linie dem Teer, jedoch nicht, wie der Laie vielfach annimmt, in dem Sinne, daß die Farbstoffe bereits fertig vorgebildet im Teer enthalten wären und nur aus ihm abgeschieden zu werden brauchten. Im Gegenteil, der Teer enthält brauchbare Farbstoffe überhaupt nicht, und es bedarf daher, wie später gezeigt werden soll, noch einer mehr oder minder langen Reihe von teils mechanischen, teils chemischen, mit größter Sorgfalt auszuführenden Operationen, um, von dem unscheinbaren, schwarzen und übelduftenden Teeröl ausgehend, zu den verschiedenfarbigen Erzeugnissen zu gelangen, mit denen die Textilfasern und alle die übrigen Materialien in den leuchtenden Farben des Sonnenspektrums gefärbt werden sollen. Bis in die Mitte des vorigen Jahrhunderts bildete der Teer ein nur schwer verwendbares und daher zum Teil lästiges Nebenprodukt der Leuchtgasbereitung. Bei der trockenen Destillation der Steinkohlen bildet sich neben dem Leuchtgas, das vor seiner Verwendung einem gründlichen Reinigungsverfahren unterworfen werden muß, und dem festen Rückstand, der sich nach Beendigung des Destillationsprozesses in den Vergasungsapparaten, den Retorten, vorfindet und den man Koks nennt, noch eine wässerige Flüssigkeit, die vor allem das sehr wertvolle Ammoniak (Salmiakgeist) enthält, und aus der sich in beträchtlichen Mengen auch der Teer abscheidet.

Aus 1 t = 1000 kg Kohle erhält man durchschnittlich (die Mengen wechseln je nach der Art der Kohle und des Vergasungsprozesses nicht unerheblich) 300 cbm Leuchtgas, 700 kg Koks, 3 kg Ammoniak (meist in Form seines schwefelsauren Salzes, das insbesondere als Düngemittel eine ausgedehnte Verwendung findet) und endlich 50 kg Teer. Der rohe Teer ist kein einheitlicher Körper im chemischen Sinne, sondern ein Gemisch aus einer unendlich großen Zahl der verschiedensten Substanzen dabei reichlich durchsetzt mit fein verteilter Kohle, die ihm das schwarze Aussehen verleiht, und innig gemischt mit Wasser, von dem er durch Absitzenlassen nur unvollkommen getrennt werden kann.

Die erste Operation, welcher der Steinkohlenteer unterworfen werden muß, um ihn auf Farbstoffe zu verarbeiten, ist die fraktionierte Destillation. Unter der „fraktionierten Destillation“ von Flüssigkeiten versteht man ein Verfahren, welches bezweckt, Flüssigkeitsmischungen, deren einzelne Bestandteile sich durch ihren Siedepunkt unterscheiden, in diese einzelnen Bestandteile zu zerlegen, indem man die Flüssigkeitsgemische zum Sieden erhitzt und dauernd im Sieden erhält. Hierbei destillieren die am leichtesten flüchtigen Bestandteile, d. h. diejenigen, die den niedrigsten Siedepunkt besitzen, zuerst über; es folgen die andern Bestandteile der Mischung, entsprechend ihren jeweiligen Siedepunkten. Unter den unzähligen

Bestandteilen des Teers kommen hauptsächlich die folgenden in Betracht Benzol (mit dem Siedepunkt 81°), Toluol (111°), Pyridin (117°), die drei Xylole (mit den Siedepunkten 142°, 139° und 138°), das Phenol (184°), die drei Kresole (mit den Siedepunkten 188°, 201° und 199°), Naphtalin (218°), Anthracen (über 360°). Wie man sieht, liegen die Siedepunkte aller dieser Verbindungen meist ziemlich weit auseinander. Trotzdem ist es nicht möglich, durch einfache einmalige Destillation eine genügend scharfe Trennung der einzelnen Bestandteile herbeizuführen. Man verfährt deshalb in der Weise, daß man den Teer durch Destillation zunächst in vier große Fraktionen zerlegt, wobei man durch Einleiten von Wasserdampf und gleichzeitige Erzeugung eines luftverdünnten Raums (Vakuumdestillation) den entstehenden Dämpfen den Übertritt aus dem Destillationsapparat, der sogenannten Blase, in die Vorlagen, in denen die Destillate aufgefangen werden, erleichtert. Diese oben erwähnten vier großen Fraktionen nennt man: 1. Leichtöl, mit den Siedepunkten von 80—170°, 2. Mittelöl mit den Siedepunkten 180° bis 240°, 3. Schweröl mit den Siedepunkten 200—300°, 4. Anthracenöl mit den Siedepunkten 280—400°.

Die dem niedrigst siedenden Leichtöl vorausgehenden noch flüchtigeren Destillate heißen Vorlauf, während der nach vollendeter Destillation in der Retorte verbleibende erhebliche Rückstand Pech genannt wird. Die einzelnen Hauptfraktionen werden dann, jede für sich, weiter verarbeitet auf ihre einzelnen Bestandteile, wobei neben der Destillation in den sogenannten Kolonnenapparaten, wie sie auch in der Spiritusindustrie gebräuchlich sind, noch das Waschen mit Säuren und Alkalien eine große Rolle spielt. Der Grad der Reinheit, in dem die einzelnen Bestandteile des Teers in den Teerdestillationen, die übrigens in der Regel mit den Farbenfabriken nicht zusammenhängen, gewonnen werden, ist sehr unterschiedlich. Vielfach erlangen die Teerdestillate den höchsten Grad der Reinheit erst in den Farbenfabriken selbst. In einem hohen Grade der Reinheit werden fabrikmäßig hergestellt Benzol, Toluol, Naphtalin und Phenol, während die drei Xylole und Kresole sowie das Pyridin nur in vereinzelten Fällen und für ganz besondere Zwecke in reinem Zustande dargestellt werden. Das Anthracen, das als Ausgangsmaterial für Alizarin und die übrigen Anthrachinonfarbstoffe ein große Bedeutung besitzt, wird so gut wie niemals in reiner Form technisch verwendet. Man hat gelernt, die Verunreinigungen des Anthracens im weiteren Verlauf des Verfahrens bei der Verarbeitung auf Farbstoffe auszuscheiden. Von chemischem Standpunkt unterscheidet man die wichtigsten Bestandteile des Steinkohlenteers als Kohlenwasserstoffe (Benzol, Toluol, Xylole, Naphtalin und Anthracen), als Phenole (Phenol = Carbolsäure und die drei Kresole) und als Basen. Von den letzteren kommen außer dem Pyridin noch die höher siedenden Pyridinbasen in Betracht und zwar als Denaturierungsmittel für Alkohol. Als Ausgangsmaterialien für Farbstoffe spielen Pyridin und seine höher siedenden Abkömmlinge keine wichtige Rolle. Der oben erwähnte, bei der ersten Destillation des Teeres hinterbleibende Rückstand dient in Mischung mit Schweröl als Bindemittel bei der Steinkohlenbrikettfabrikation, nach dem Verdünnen mit schwerem Steinkohlenteeröl als Dachlack und in leichten Teerölen gelöst als billiger Eisenlack. Auch dient der Teer vielfach als billiger Ersatz für Asphalt bei der Herstellung von Schwarzlacken. Über die wichtigsten Abschnitte der im vorstehenden geschilderten Verarbeitung des Teeres gibt das nachstehende vereinfachte Schema einen ungefähren Überblick:

**Teer**
- Vorlauf und Ammoniak-Wasser ⟶ Ammoniak.
- Leichtöl:
  - Benzol, Toluol, Xylole, Solvent Naphta, Phenol und Kresole,
  - Naphtalin,
  - Pyridinbasen.
- Mittelöl: Bestandteile ähnlich wie bei Leichtöl, doch in andrem Mengenverhältnis.
- Schweröl: Naphtalin und Kreosotöl.
- Anthracenöl: Anthracen.
- Pech.

## 5. Die Vor- und Zwischenprodukte sowie die Hauptmethoden ihrer Gewinnung.

Über die wichtigsten Teerbestandteile ist in chemischer Beziehung folgendes zu bemerken:

1. Das Benzol hat die Formel $C_6H_6$ und ist also ein aus 6 Atomen Kohlenstoff und 6 Atomen Wasserstoff zusammengesetzter „Kohlenwasserstoff“, dem die Konstitution

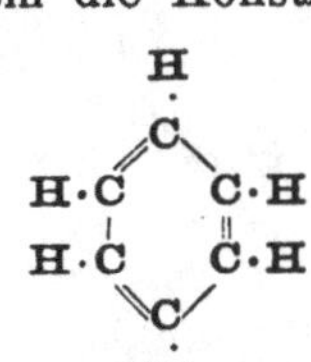

zugeschrieben wird.

Die 6 Kohlenstoffatome bilden ein Sechseck und sind mit je einem Wasserstoffatom verbunden; man spricht deshalb von einem Benzolring oder Benzolkern. Alle Kohlenstoffverbindungen, die einen solchen Benzolkern enthalten, nennt man, im Gegensatz zu den Verbindungen der Fettreihe (wie Alkohol, Essigsäure, Glycerin, Stearin, Wachs, Paraffin usw.), aromatische Verbindungen, ohne daß damit übrigens gesagt sein soll, daß die Verbindungen durch einen aromatischen Geruch ausgezeichnet sind, was tatsächlich nur ausnahmsweise zutrifft. Alle Teerfarbstoffe und wohl fast alle für färberische Zwecke verwendeten andern Farbstoffe des Pflanzenreichs enthalten einen oder mehrere Benzolkerne, sind also insoweit Abkömmlinge des Benzols, obwohl sie in ihren Eigenschaften nicht nur gegenüber dem Benzol selbst, sondern auch unter sich die größtmöglichen Verschiedenheiten aufweisen. Die Möglichkeit, Abkömmlinge des Benzols zu bilden, ist dadurch gegeben, daß die sämtlichen 6 Wasserstoffe des Benzols durch andere Atome oder Atomgruppen ersetzt werden können. Man bezeichnet die 6 Atome Wasserstoff (ebenso wie die 6 Atome Kohlenstoff) des Benzolkerns mit den Zahlen 1—6. Ersetzt man z. B. den mit 1 bezeichneten Wasserstoff durch 1 Atom Chlor, so erhält man den „Monochlorbenzol" genannten Körper von der Formel

$C_6H_5 \cdot Cl$ = 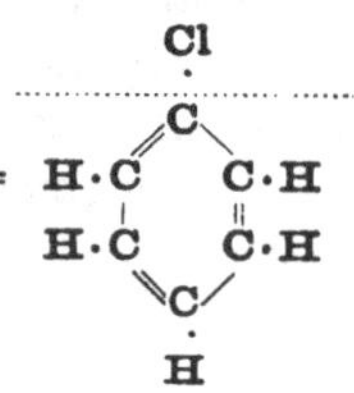

Die Gruppe $C_6H_5$ bezeichnet man als Phenylgruppe, und daher kann man das eben erwähnte Monochlorbenzol auch Phenylchlorid nennen. Ersetzt man 2 Wasserstoffe des Benzols durch Chlor, so erhält man Dichlorbenzol von der Formel $C_6H_4Cl_2$, auch Phenylendichlorid genannt. Es gibt aber nun, wie die Betrachtung des Benzolkerns lehrt und wie ohne weiteres aus den folgenden drei Formelbildern hervorgeht, drei verschiedene Dichlorbenzole:

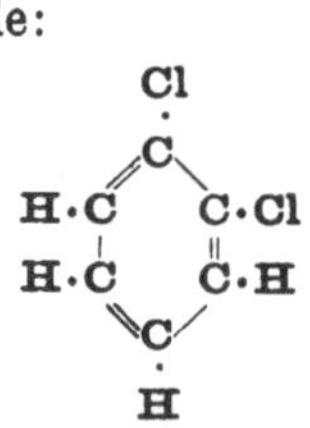

I

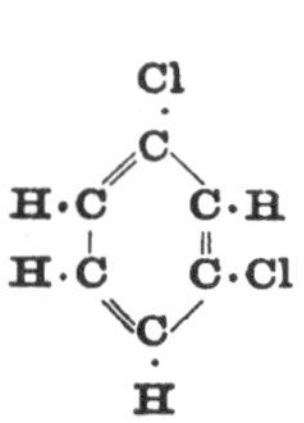

II

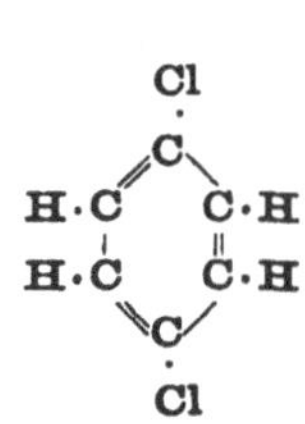

III

Man bezeichnet die Verbindung I als 1,2- oder Ortho-Dichlorbenzol, die Verbindung II als 1,3- oder Meta-Dichlorbenzol und die Verbindung III als 1,4- oder Para-Dichlorbenzol. Treten drei gleiche Atome oder Atomgruppen in den Benzolkern ein, so sind auch in diesem Falle wieder drei verschiedene „isomere“ Trichorbenzole möglich, entsprechend den Formeln:

1,2,3 1,2,4 1,3,5

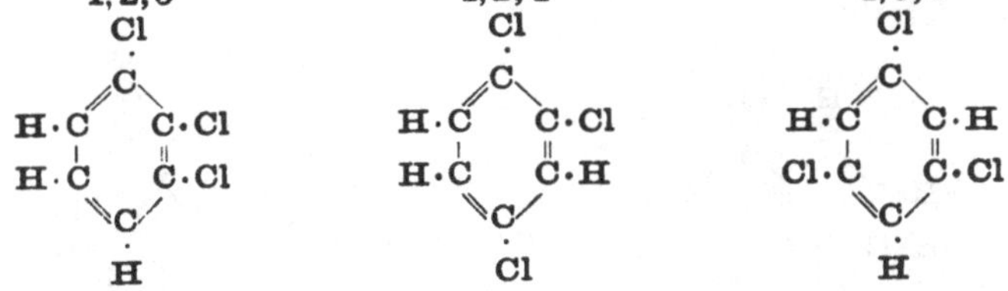

I II III

Noch zahlreicher werden die Isomeriefälle, wenn, statt gleicher Atome oder Atomgruppen, unter sich verschiedene „Substituenten“ in den Benzolkern eintreten, z. B. das Atom Cl und die Gruppe $NO_2$ (Nitrogruppe), oder das Atom Chlor, die Nitrogruppe $NO_2$ und die Sulfogruppe $SO_3H$. In ersterem Falle erhält man verschiedene Nitrochlorbenzole = Chlornitrobenzole, alle entsprechen der Formel $C_6H_4 \cdot Cl \cdot NO_2 = C_6H_4 \cdot NO_2 \cdot Cl$; im letzteren Falle hat man es mit Chlornitrobenzolsulfonsäuren = Nitrochlorbenzolsulfonsäuren der Formel $C_6H_3 \cdot NO_2 \cdot Cl \cdot SO_3H = C_6H_3 \cdot Cl \cdot NO_2 \cdot SO_3H$ zu tun. Da die Zahl der Atome schon an sich nicht unbeträchtlich, die der Atomgruppen aber noch viel größer ist, so läßt sich leicht begreifen, daß unter den Begriff „Benzolabkömmlinge“ die verschiedenartigsten Verbindungen zusammengefaßt werden können.

2. Das Toluol leitet sich vom Benzol dadurch ab, daß eines der 6 Wasserstoffatome des Benzolrings durch die Methylgruppe $CH_3$ ersetzt ist. Seine Zusammensetzung ist daher $C_6H_5 \cdot CH_3$ und entspricht der Formel:

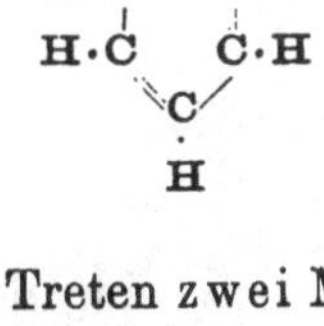

oder einfacher geschrieben:

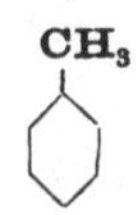

3. Treten zwei Methylgruppen in den Benzolkern ein, so erhält man die drei isomeren Dimethylbenzole oder Xylole, die gemäß

den obigen Darlegungen, je nach der Stellung der Methylgruppen, als Ortho-, Meta- und Para- (abgekürzt o-, m- und p-)Xylol bezeichnet werden.

4. Zum Naphtalin gelangt man, vom Benzol ausgehend, in der Weise, daß zwei ortho-ständige Wasserstoffatome durch den Rest —CH=CH—CH=CH— ersetzt werden. Demnach kommt dem Naphtalin die Formel $C_6H_4 \cdot C_4H_4 = C_{10}H_8$ zu, entsprechend dem Formelbild:

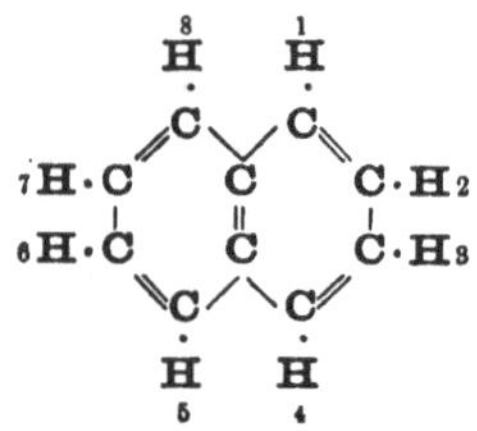

oder abgekürzt:

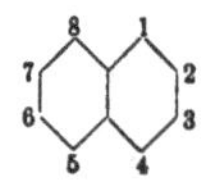

,

wobei die einzelnen Kohlenstoffatome, bzw. die mit ihnen verbundenen Wasserstoffatome, in der aus der Formel ersichtlichen Weise, mit den Ziffern 1—8 oder gemäß der Formel:

mit $\alpha_1$, $\alpha_2$, $\alpha_3$, $\alpha_4$ und $\beta_1$, $\beta_2$, $\beta_3$, $\beta_4$ bezeichnet werden. Man spricht im Hinblick auf diese Formeln davon, das Naphtalin enthalte zwei miteinander verschmolzene Benzolkerne, eine Ausdrucksweise, die eigentlich genau betrachtet nicht ganz zutreffend, aber allgemein üblich ist. Beim Naphtalin sind zwei isomere Monoderivate möglich: Das eine mit dem Substituenten in 1- oder $\alpha$-, das andere mit dem Substituenten in 2- oder $\beta$-Stellung. Die Zahl der möglichen Isomeren beim Eintritt von zwei gleichen Atomen oder Atomgruppen in das Molekül des Naphtalins beträgt bereits 10. Sind die Substituenten unter sich verschieden, so wird diese Zahl noch größer.

5. Wird der Rest

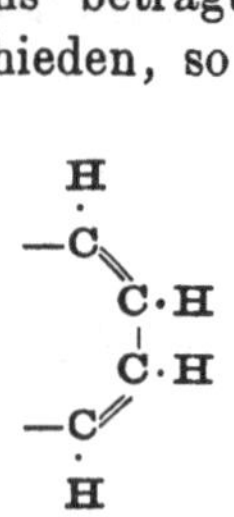

nicht einmal, sondern zweimal in den Benzolkern eingeführt (es handelt sich hier um eine theoretische Betrachtung, praktisch ist diese Substitution kaum durchführbar), so erhält man, je nach der Stellung der durch die beiden Reste ersetzten Wasserstoffatome, zwei in ihren Eigenschaften sehr **wesentlich verschiedene** Kohlenwasserstoffe der Formel $C_6H_2 \cdot (C_4H_4)_2 = C_{14}H_{10}$, nämlich

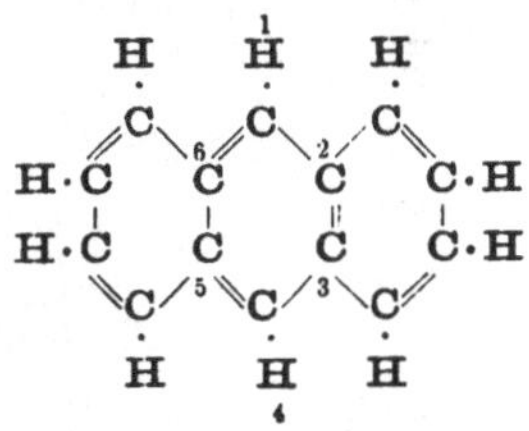

und

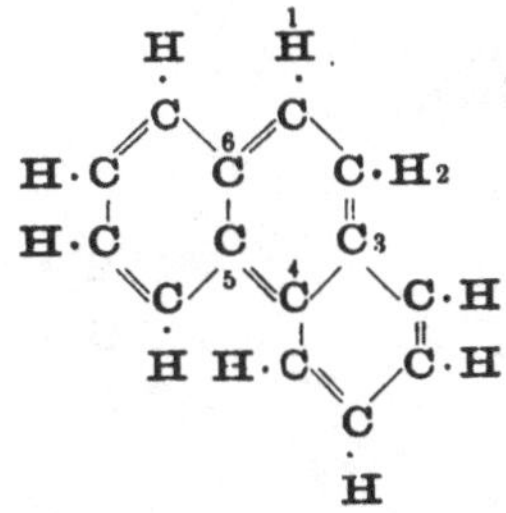

oder vereinfacht

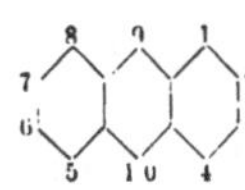

und

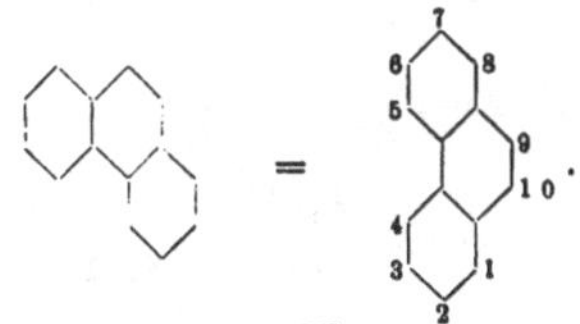

I II

Der Kohlenwasserstoff der Formel I ist das technisch wichtige **Anthracen**, die Muttersubstanz des Alizarins, während die Formel II dem bisher kaum benutzten, aber gleichfalls im Teer in erheblicher Menge vorhandenen **Phenanthren** zukommt. Die Bezeichnung der einzelnen Wasserstoffe des Anthracens und Phenanthrens mit den Zahlen 1—10 ist aus den vorstehenden Formeln ersichtlich, die beim Anthracen mit 9 und 10 bezeichneten Kohlenstoffe werden als **Meso- oder mittlere** Kohlenstoffe bezeichnet.

7. Das **Phenol** leitet sich in einfacher Weise vom Benzol ab, denn es unterscheidet sich von ihm nur dadurch, daß 1 Wasserstoff durch die **Hydroxylgruppe**, OH, ersetzt ist. Seine Formel ist daher $C_6H_5 \cdot OH$ entsprechend dem Formelbild

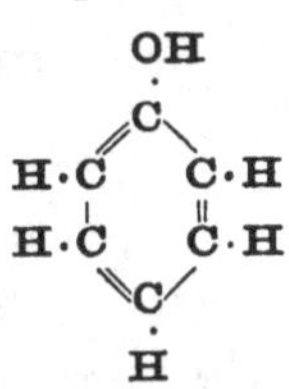

oder

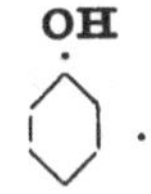

Tritt außer der OH-Gruppe noch eine $CH_3$-(Methyl-)Gruppe in das Benzol ein, so erhält man die homologen Phenole, die sogenannten **Kresole**, und zwar bezeichnet man sie je nach der Stellung der $CH_3$-Gruppe zur OH-Gruppe als o-, m- und **p-Kresol**:

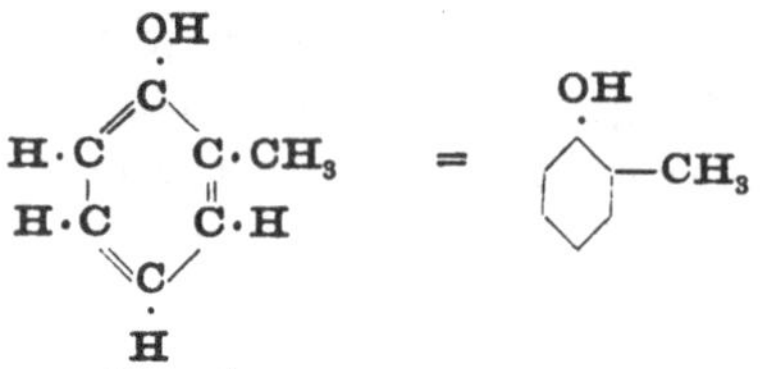

o-Kresol

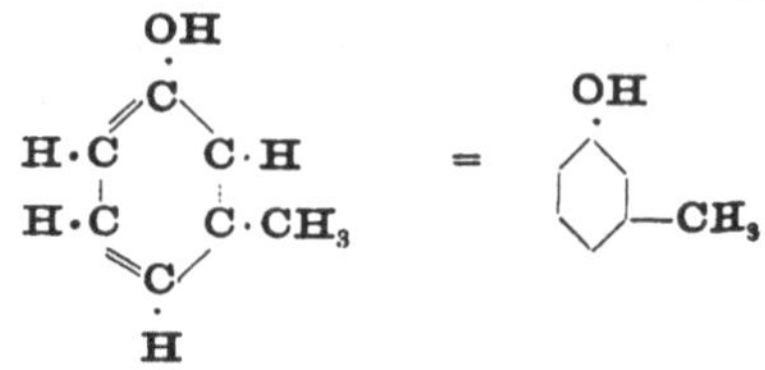

m-Kresol

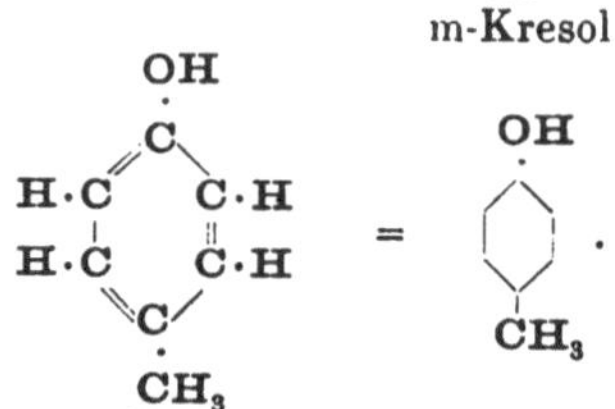

p-Kresol

Das Pyridin von der Formel $C_5H_5N$, entsprechend dem Bild

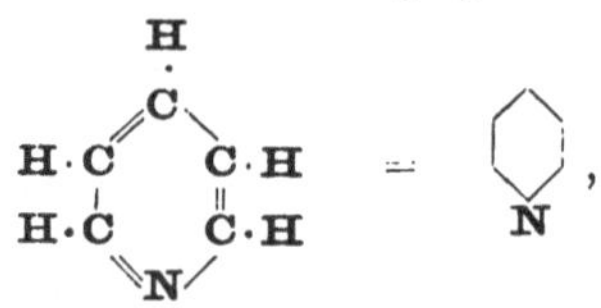

ist streng genommen nicht mehr als Benzolabkömmling zu bezeichnen. Obwohl es dem Benzol in manchen Beziehungen nahe steht, unterscheidet es sich dadurch sehr wesentlich von ihm, daß 1 CH-Gruppe des Benzolrings durch 1 Atom Stickstoff ersetzt ist, ein Umstand, der die Möglichkeit zur Erzeugung von Farbstoffen, die den vom Benzol sich ableitenden Farbstoffen ähnlich sind, stark beeinträchtigt. Die höher siedenden sogenannten Pyridinbasen sind Homologe des Pyridins, d. h. in ihnen sind eines oder mehrere von 5 Atomen Wasserstoff durch den Methylrest ersetzt. Die Monomethylpyridine, die dem Toluol entsprechen, bezeichnet man als Picoline, und man unterscheidet, je nach der Stellung der Methylgruppe im Verhältnis zum N, $\alpha$-, $\beta$- und $\gamma$-Picolin, entsprechend den vereinfachten Formeln:

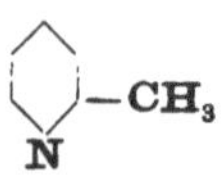

$\alpha$

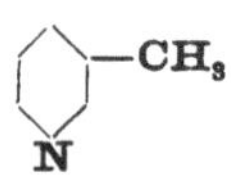

$\beta$

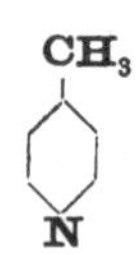

$\gamma$

Die isomeren Dimethylpyridine werden als Lutidine, die isomeren Trimethylpyridine als Collidine bezeichnet.

Der Ersatz der Wasserstoffatome des Benzolrings durch andere Atome oder Atomgruppen, von denen im vorhergehenden Abschnitt mehrfach die Rede war, um zu zeigen, wie sich die aromatischen Kohlenwasserstoffe und die Phenole vom Benzol ableiten, ist tatsächlich nicht so leicht zu verwirklichen, wie es nach den theoretischen Betrachtungen scheinen möchte. In vielen Fällen ist ein solcher Ersatz (Substitution) auf künstlichem Wege überhaupt nicht durchführbar, wenigstens nicht unmittelbar, sondern nur auf großen und schwierigen Umwegen. Das gilt z. B. für die Überführung des Benzols in Naphtalin, die zwar möglich ist und auch tatsächlich verwirklicht wurde, technisch aber gänzlich ausgeschlossen ist, da ein derartiges Naphtalin wohl das 1000-fache des gewöhnlichen, im Teer in überreichlichem Maße enthaltenen Naphtalins kosten würde. Dagegen gibt es eine Reihe von Benzolabkömmlingen, die auf dem eben angedeuteten Wege der Substitution auch tatsächlich hergestellt werden können und auch hergestellt werden nach Methoden, die den Gegenstand der nachstehenden Betrachtungen bilden sollen.

1. Chlorierung: Die Chlorierung besteht im Ersatz von einem oder mehreren Wasserstoffatomen durch Chlor. So entsteht das oben erwähnte Monochlorbenzol [durch Einleiten von gasförmigem Chlor in Benzol bei 15°, zweckmäßig in Gegenwart eines sogenannten Chlorüberträgers, der den Eintritt des Chlors in den Benzolkern erleichtert (z. B. Jod, Eisenchlorid).

Die Reaktion verläuft nach dem Schema:

$$C_6H_5 \cdot H + Cl_2 \longrightarrow C_6H_5 \cdot Cl + HCl\,.$$

Läßt man Chlor, statt bei 15°, bei 80° auf Benzol einwirken, so entsteht Dichlorbenzol nach dem Schema:

$$C_6H_4{<}{H \atop H} + {Cl_2 \atop Cl_2} \longrightarrow C_6H_4{<}{Cl \atop Cl} + 2\,HCl\,;$$

und zwar bildet sich vorwiegend p-Dichlorbenzol neben geringen Mengen o-Dichlorbenzol. Läßt man Chlor auf Toluol einwirken, so sind zwei Möglichkeiten zu unterscheiden:

a) Das Chlor tritt an die Stelle von solchen Wasserstoffatomen, die am Benzolkern sitzen, oder b) das Chlor ersetzt ein, zwei oder drei Atome Wasserstoff der Methylgruppe. Man hat es in der Hand, durch besondere Gestaltung der Reaktionsbedingungen die Chlorierung entweder in dem einen oder vorwiegend in dem andern Sinne verlaufen zu lassen, und zwar begünstigen niedrige Temperaturen beim Chlorieren die Bildung von kernsubstituierten Chlortoluolen, z. B. von der Formel $Cl \cdot C_6H_4 \cdot CH_3$, während bei höheren Temperaturen, etwa der Siedetemperatur des Toluols, und bei der gleichzeitigen Einwirkung des direkten Sonnenlichts sich vorwiegend in der Methylgruppe substituierte Toluole bilden, nämlich das Benzylchlorid, $C_6H_5 \cdot CH_2 \cdot Cl$, das Benzalchlorid, $C_6H_5 \cdot CHCl_2$ und das Benzotrichlorid, $C_6H_5 \cdot CCl_3$. Bei der Einwirkung des Chlors auf Naphtalin in der Kälte bilden sich zunächst nicht Chlornaphtaline, d. h. es tritt nicht Chlor an die Stelle des Wasserstoffs, sondern Chlor lagert sich an Naphtalin an, es bilden sich zunächst Chloradditionsprodukte, z. B. Naphtalindichlorid und Naphtalintetrachlorid, die erst unter dem Einfluß alkalisch wirkender Mittel in chlorsubstituierte Naphtaline übergehen. Besonders reaktionsfähig gegenüber den Halogenen sind die Phenole, doch sind diese Chlorphenole ebenso wie die Chlornaphtaline und Chloranthracene für die Darstellung von Teerfarbstoffen bisher von untergeordneter Bedeutung gegenüber den Chlorderivaten des Benzols und Toluols.

2. Die Nitrierung. Unter Nitrierung versteht man einen Prozeß, durch welchen der Rest der Salpetersäure, die sogenannte Nitrogruppe, $NO_2$, an die Stelle von Wasserstoff gesetzt wird. Am Benzol spielt sich diese Reaktion in folgender Weise ab:

$$C_6H_5 \cdot H + HO \cdot NO_2 \longrightarrow C_6H_5 \cdot NO_2 + H_2O;$$

es entsteht dabei das Nitrobenzol

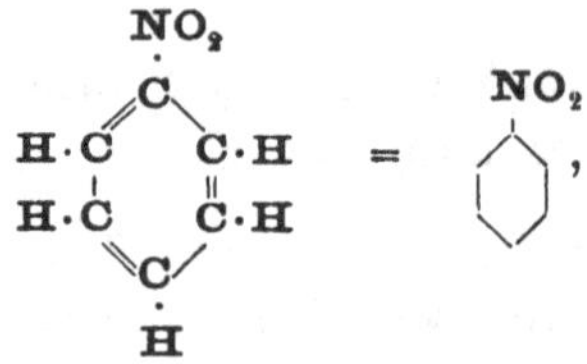

das als Ausgangsmaterial für die Anilindarstellung naturgemäß eine hervorragende Rolle spielt. Der Prozeß der Nitrierung wird befördert durch die Gegenwart von konzentrierter Schwefelsäure, welche als wasserentziehendes Mittel wirkt. Läßt man mehr als 1 Molekül Salpetersäure, z. B. 2 Moleküle, auf 1 Molekül Benzol einwirken, so entsteht Dinitrobenzol, und zwar tritt die zweite Nitrogruppe fast ausschließlich in meta-Stellung zur ersten, es bildet sich also Meta-Dinitrobenzol, entsprechend der Formel:

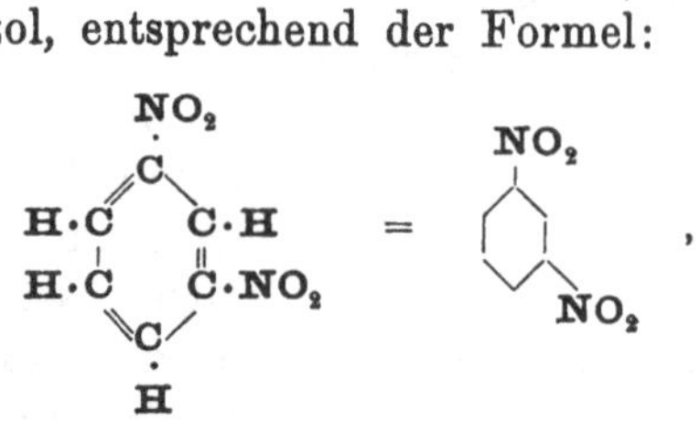

welches als Ausgangsmaterial für m-Nitranilin,

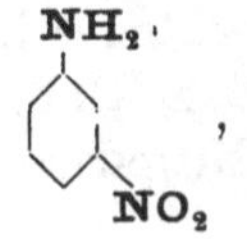

und m-Phenylendiamin,

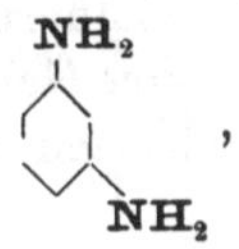

von großer technischer Bedeutung ist. Läßt man Salpetersäure statt auf Benzol auf Toluol einwirken, so entsteht Nitrotoluol, $NO_2 \cdot C_6H_4 \cdot CH_3$; jedoch verläuft dieser Prozeß nicht einheitlich, insofern als neben dem Hauptprodukt, dem o-Nitrotoluol,

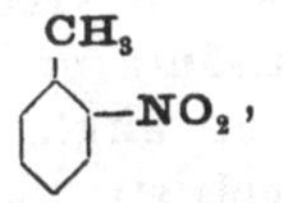

in erheblichen Mengen auch die isomere p-Verbindung

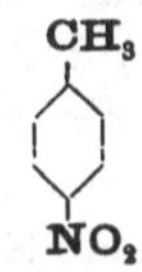

und sogar etwas von der m-Verbindung

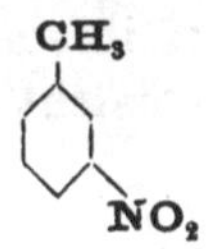

entsteht

Die Nitrotoluole gehen durch Reduktion (siehe unten unter 7) in die entsprechenden Toluidine, $NH_2 \cdot C_6H_4 \cdot CH_3$, über, deren Bedeutung für die Fuchsinfabrikation später noch erläutert werden wird. Aus den Xylolen entstehen auf die gleiche Weise die verschiedenen isomeren Nitroxylole, $C_6H_3 \cdot CH_3 \cdot CH_3 \cdot NO_2$, und aus ihnen durch Reduktion die entsprechenden Xylidine, $C_6H_3 \cdot CH_3 \cdot CH_3 \cdot NH_2$, die für die Erzeugung von Azofarbstoffen (s. S. 74) von Wichtigkeit sind. In der Naphtalinreihe sind von Bedeutung das Mononitronaphtalin (I), aus dem durch Reduktion das wichtige $\alpha$-Naphtylamin (II) entsteht, und die beiden isomeren Dinitronaphtaline 1,5 (III) und 1,8 (IV)

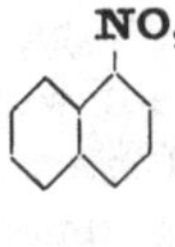
I

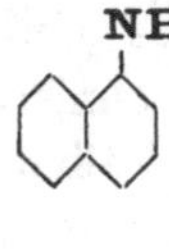
II

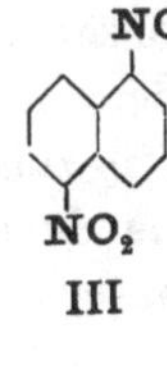
III

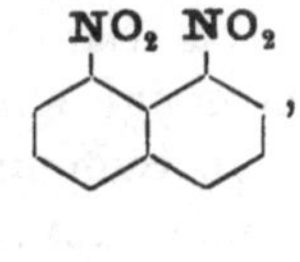
IV

die für die Darstellung von echten schwarzen Beizen- und Schwefelfarbstoffen (s. S. 82ff.) in großem Maßstab Verwendung finden.

Von anderen wichtigen Nitroderivaten wird gelegentlich an anderer Stelle die Rede sein.

3. Die Sulfonierung ($\doteq$ Sulfierung = Sulfurierung). Eine der allerwichtigsten Reaktionen auf dem Gebiete der Teerfarbenfabrikation ist die Sulfonierung. Sie vollzieht sich in ihrer Anwendung auf Benzol nach dem Schema:

$$\underset{\text{Benzol}}{C_6H_5\cdot H} + \underset{\text{Schwefelsäure}}{HO\cdot SO_3H} \longrightarrow \underset{\text{Benzolsulfonsäure}}{C_6H_5\cdot SO_3H} + \underset{\text{Wasser}}{H_2O}.$$

Die Schwefelsäure muß bei derartigen Sulfonierungen meist in Form von hochkonzentrierter (95—100%iger) Schwefelsäure angewendet werden, da Schwefelsäure geringerer Konzentration in der Regel nicht mehr sulfonierend wirkt. In vielen Fällen aber reicht auch die gewöhnliche konzentrierte Schwefelsäure nicht mehr aus; es bedarf dann der Anwendung von sogenanntem Monohydrat (= 100%iger Schwefelsäure) und von rauchender Schwefelsäure (sogenanntem Oleum). Erfolgt der Eintritt des Schwefelsäurerestes, der sogenannten Sulfogruppe $SO_3H$, nur einmal, so erhält man eine Monosulfonsäure, wie in obigem Schema. Durch zweimaligen Eintritt einer Sulfogruppe entstehen die Disulfonsäuren, und zwar begibt sich die zweite Sulfogruppe bei ihrem Eintritt in den Benzolkern in die m-Stellung zur ersten, es entsteht also die Benzol-m-disulfonsäure der Konstitution

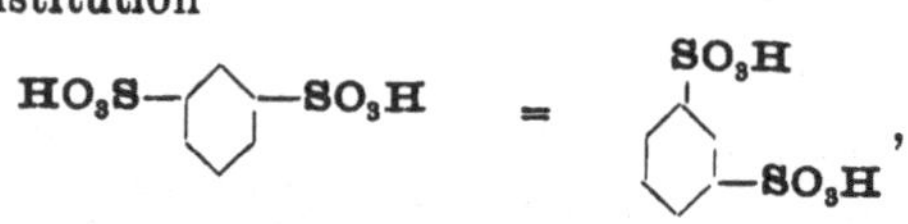

die das Ausgangsmaterial für das technisch wichtige Resorcin (s. u.) bildet. In der Naphtalinreihe gibt es, wie vorauszusehen, zwei isomere Monosulfonsäuren, die als $\alpha$- und $\beta$-Naphtalinmonosulfonsäuren unterschieden werden, entsprechend den Formeln:

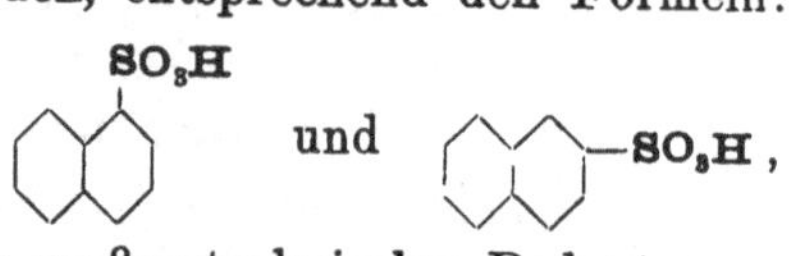

und die beide von großer technischer Bedeutung sind, als Ausgangsmaterial für die Erzeugung von $\alpha$- und $\beta$-Naphtol.

Von Naphtalindisulfonsäuren gibt es eine größere Zahl, von denen einige auch in großem Maßstabe technisch dargestellt werden.

Die Sulfonierung ist in zahlreichen Fällen auch auf Farbstoffe angewandt worden, um sie durch Einführung von Sulfogruppen an Stelle von Wasserstoff wasserlöslicher und zum Färben von Wolle geeigneter zu machen. Die Wasserlöslichkeit ist eine den Sulfonsäuren oder ihren Salzen fast allgemein zukommende, höchst wichtige Eigenschaft, auf der in weitgehendem Maße die Verwendbarkeit vieler Farbstoffe in der Färbereitechnik beruht. Eine weitere für viele Sulfonsäuren charakteristische Reaktion ist ihre Fähigkeit, durch die **Alkalischmelze** in die entsprechenden **Hydroxylverbindungen** überzugehen, d. h. die $SO_3H$-Gruppe gegen Hydroxyl (OH) zu vertauschen.

4. Unter einer **Alkalischmelze** versteht man eine chemische Operation, bei der gewisse aromatische Verbindungen, insbesondere die unter 3. erwähnten Sulfonsäuren, der Einwirkung schmelzenden Alkalis (Ätznatron oder Ätzkali) ausgesetzt werden. Bei den Sulfonsäuren hat die Verschmelzung, falls sie unter geeigneten Bedingungen (Konzentration und Temperatur) ausgeführt wird, den schon oben angedeuteten Ersatz der $SO_3H$-Gruppe durch OH zur Folge, d. h. die Sulfonsäure geht in ein „**Phenol**“ über, da ganz allgemein alle aromatischen Verbindungen, die eine OH-Gruppe in einem Benzolkern enthalten, als **Phenole** bezeichnet werden. In diesem Sinne sind z. B. die meisten natürlichen Farbstoffe des Rot-, Gelb- und Blauholzes, der Krapppflanze, der Quercitronrinde, des Waus, des Fisetins usw., nicht dagegen der Indigo als Phenole anzusehen, obwohl ihre Eigenschaften von denen des einfachsten Phenols, der Karbolsäure, in der Regel außerordentlich weit verschieden sind. Aus Benzolsulfonsäure entsteht Phenol gemäß dem Schema:

$$\underset{\text{Benzolsulfonsäure}}{C_6H_5\cdot SO_3H} + \underset{\text{Ätznatron}}{3\,NaOH} \longrightarrow \underset{\text{Phenolnatrium}}{C_6H_5\cdot O\cdot Na} + \underset{\text{Sulfit}}{Na_2SO_3} + \underset{\text{Wasser}}{2\,H_2O}.$$

Tatsächlich bedarf es zur einigermaßen vollkommenen Durchführung der Verschmelzung eines mehr oder minder großen Überschusses von Ätzalkali. Wie man sieht, bildet sich in der stark alkalisch reagierenden Schmelze neben dem neutralen Sulfit, $Na_2SO_3$, zunächst das Na-Salz des Phenols, das aber durch verdünnte Säuren leicht in Freiheit gesetzt wird, z. B.

$$C_6H_5\cdot O\cdot Na + HCl \longrightarrow C_6H_5\cdot OH + NaCl.$$

Aus der oben erwähnten m-Benzoldisulfonsäure bzw. deren Na-Salz bildet sich das oben erwähnte **Resorcin** nach dem entsprechenden Schema:

$$C_6H_4{<}{\substack{SO_3Na\\SO_3Na}} + 6\,NaOH \longrightarrow C_6H_4{<}{\substack{ONa\\ONa}} + 2\,Na_2SO_3 + 2\,H_2O.$$

In größtem Maßstabe findet die Alkalischmelze Anwendung bei der Darstellung des **$\beta$-Naphtols**, das aus Naphtalin-$\beta$-sulfonsaurem Natron erhalten wird, nach dem Schema:

$$C_{10}H_7 \cdot SO_3Na + 3\,NaOH \longrightarrow C_{10}H_7ONa + Na_2SO_3 + H_2O.$$

Naphtalin-$\beta$-sulfonsaures Natron. Ätznatron $\beta$-Naphtolnatrium Sulfit Wasser

Über die Verschmelzung des Anthrachinon-$\beta$-sulfonsauren Natrons zu Alizarin s. S. 78.

5. Für die Darstellung von aromatischen Hydroxylverbindungen, also von Phenolen im weitesten Sinne, gibt es noch weitere technisch wichtige Methoden, die man unter der Bezeichnung „Hydroxylierungs-Reaktionen" zusammenfassen kann. Die zunächst hier zu erwähnende, übrigens nur in einer beschränkten Zahl von Fällen Anwendung findende Methode bedient sich der Chlorderivate als Ausgangsmaterialien, hat sonst aber mit der gewöhnlichen, unter 4. erwähnten Alkalischmelze der Sulfonsäuren große Ähnlichkeit, wie aus dem folgenden Schema zu ersehen ist:

$$NaO_3S \cdot C_{10}H_6 \cdot Cl + 2\,NaOH \longrightarrow NaO_3S \cdot C_{10}H_6 \cdot O \cdot Na + NaCl + H_2O.$$

1,4-Chlornaphtalinsulfonsaures Natron Ätznatron 1,4-Naphtolsulfonsaures Natron Kochsalz Wasser

Die Reaktion ist nur in solchen Fällen anwendbar, in denen das Chlor leicht beweglich ist, eine Voraussetzung, die bei weitem nicht in allen Fällen zutrifft.

Eine weitere Methode beruht auf der Fähigkeit gewisser Amine durch Hydrolyse in Phenole überzugehen. Unter Aminen versteht man sowohl in der Fettreihe als auch in der aromatischen Reihe solche Verbindungen, die die Gruppe $NH_2$ enthalten. Das wichtigste Amin der aromatischen Reihe ist wohl das Anilin, das sich vom Benzol ableitet und daher auch als Amino-, genauer als Monoaminobenzol oder als Phenylamin zu bezeichnen ist. Seine Konstitution entspricht der Formel

$C_6H_5 \cdot NH_2 =$ 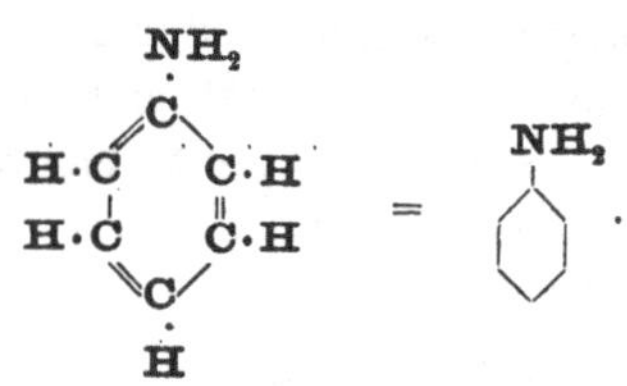

Im Anilin selbst nun ist die Aminogruppe so fest an den Benzolkern gebunden, daß eine Überführung des Anilins in Phenol durch einfache Hydrolyse nach dem Schema:

$$C_6H_5 \cdot NH_2 + H_2O \longrightarrow C_6H_5 \cdot OH + NH_3$$

technisch nicht durchführbar ist. Wohl aber ist dies der Fall bei gewissen Derivaten des Anilins, sowie auch bei Aminen der Naphtalinreihe. So z. B. läßt sich das $\alpha$-Naphtol genannte Phenol aus $\alpha$-Naphtylamin in vorteilhafter Weise auf hydrolytischem Wege gewinnen. In der Regel erfolgt die praktische Durchführung dieses Prozesses nicht unter ausschließlicher Anwendung von Wasser, sondern bei gleichzeitiger Anwesenheit von Säuren, wie z. B. beim $\alpha$-Naphtylamin, oder von Alkalien, wie bei der Darstellung der 1,4-Naphtolsulfonsäure aus der entsprechenden 1,4-Naphtylaminsulfonsäure:

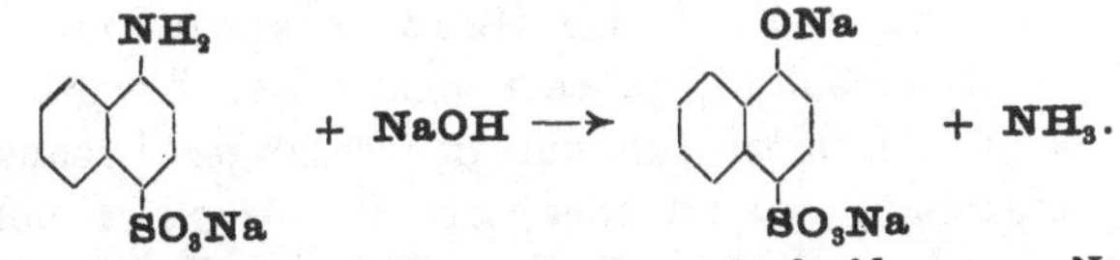


1,4-naphtylaminsulfonsaures Natron    1,4-naphtolsulfonsaures Natron

In vielen Fällen wird die hydrolytische Abspaltung der $NH_2$-Gruppe und ihr Ersatz durch OH unterstützt durch die Anwesenheit von sauren schwefligsauren Salzen oder Bisulfiten. Dieser Prozeß nimmt aber, genauer betrachtet, einen etwas verwickelten Verlauf, so daß von einer eingehenderen Schilderung dieses Verfahrens hier Abstand genommen werden muß.

Der einfachste Weg zur Erzeugung von Hydroxylverbindungen wäre der Ersatz von Wasserstoff durch OH, etwa nach dem Schema:

$$\underset{\text{Benzol}}{C_6H_5\cdot H} + \underset{\substack{\text{Wasserstoff-}\\\text{superoxyd}}}{HOOH} \longrightarrow \underset{\text{Phenol}}{C_6H_5\cdot OH} + \underset{\text{Wasser}}{H_2O},$$

also analog der Chlorierung (s. o.) oder scheinbar noch einfacher nach dem Schema:

$$C_6H_5\cdot H + O \longrightarrow C_6H_5\cdot OH.$$

Doch ist eine derartige direkte Oxydation nur in ganz vereinzelten Fällen tatsächlich durchführbar.

Von wesentlich größerer Bedeutung ist dagegen ein Verfahren, das man als „Umkochen" bezeichnet und das darin besteht, daß man das als Ausgangsmaterial dienende Amin zunächst durch die Einwirkung von salpetriger Säure in die entsprechende Diazoverbindung überführt und alsdann durch Erhitzen in Gegenwart von Säuren die Zersetzung der Diazoverbindung in Stickstoff und das entsprechende Phenol bewirkt. Dieses Verfahren, das einer sehr weitgehenden Anwendung fähig ist, obwohl tatsächlich in gewissen Fällen statt seiner eine der hydrolytischen Methoden wegen ihrer Billigkeit und Einfachheit zur technischen Ausführung gelangt, gestaltet sich gemäß folgendem Schema:

$$\underset{\text{Anilin}}{C_6H_5\cdot NH_2} + \underset{\substack{\text{salpetrige}\\\text{Säure}}}{HNO_2} + \underset{\substack{\text{Salz-}\\\text{säure}}}{HCl} \longrightarrow \underset{\substack{\text{Benzoldiazonium-}\\\text{chlorid}}}{C_6H_5\cdot N_2\cdot Cl} + \underset{\text{Wasser}}{2H_2O},$$

oder ausführlicher dargestellt:

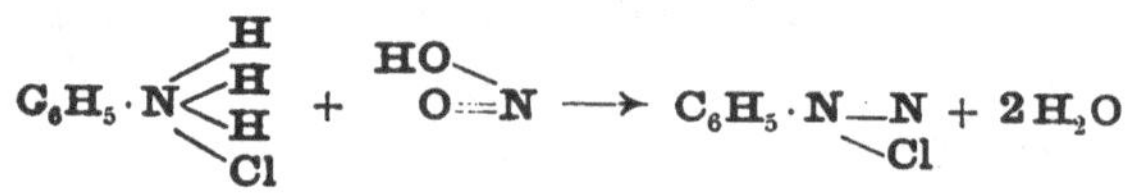

Die auf diese Weise als Zwischenprodukt entstehende Diazoverbindung, im vorliegenden Falle das Benzoldiazoniumchlorid, ist ein äußerst reaktionsfähiger, ja sehr explosibler Körper, den man aus diesem Grunde zweckmäßig nur in wässeriger Lösung herstellt und weiter verarbeitet. Er ist aber auch in Lösung in hohem Maße unbeständig und muß deshalb bei niedriger Temperatur, nicht über 0°, also unter Verwendung von Eis, dargestellt werden. Beim Erhitzen auf höhere Temperaturen erleidet er unter lebhafter Stickstoffentwicklung eine Zersetzung, die in Gegenwart überschüssiger Säuren in der Hauptsache nach dem Schema:

$$C_6H_5 \cdot N_2 \cdot Cl + H_2O \longrightarrow C_6H_5 \cdot OH + N_2 + HCl$$

verläuft. Ebenso, wie die Hydroxylgruppe OH lassen sich auch andere Reste, wie z. B. SH, Cl, Br, J, CN usw., an die Stelle von $NH_2$ durch die Vermittlung der Diazogruppe in den Benzolkern einführen. Dazu bedarf es aber, außer der Anwendung der entsprechenden S-, Cl-, Br-, J-, CN- usw. Verbindungen, der gleichzeitigen Anwesenheit von Kupfersalzen. Auf die große Bedeutung der Griessschen Diazoverbindungen für die Azofarbstoffdarstellung wurde bereits auf S. 38 hingewiesen; von ihnen wird auch später noch ausführlicher die Rede sein (s. S. 62 u. 74).

6. Der unter 5. besprochenen Hydroxylierung steht gegenüber die Amidierung, d. h. die Darstellung von solchen Abkömmlingen des Benzols, Naphtalins usw., in denen ein Wasserstoff (auch mehrere) des Benzolkerns durch die Aminogruppe, $NH_2$, ersetzt ist. Als Ausgangsmaterialien kommen technisch für diesen Zweck in Betracht die Chlor-, Hydroxyl- und Nitroverbindungen. Was zunächst die Überführung der Chlorverbindungen in die entsprechenden Amine anlangt, so gestaltet sich das Reaktionsschema, wenn man als Chlorverbindung z. B. das p-Nitrochlorbenzol anwendet, folgendermaßen:

$$\underset{\text{p-Nitrochlorbenzol}}{O_2N \cdot C_6H_4 \cdot Cl} + \underset{\text{Ammoniak}}{2\,NH_3} \longrightarrow \underset{\text{p-Nitranilin}}{O_2N \cdot C_6H_4 \cdot NH_2} + \underset{\text{Salmiak}}{NH_4Cl}.$$

Wie man sieht, wirkt das Ammoniak nur auf das Chlor des p-Nitrochlorbenzols ein, während die Nitrogruppe gänzlich unverändert bleibt; diese ist aber insofern nicht ganz unbeteiligt bei der Reaktion, als sie den Austausch des Chlors gegen $NH_2$ wesentlich erleichtert, denn Chlorbenzol selbst reagiert mit Ammoniak kaum unter Bildung von

Aminobenzol. Einen ähnlichen günstigen Einfluß auf die „Beweglichkeit" des Chloratoms, d. h. auf seine Austauschbarkeit gegen $NH_2$, üben andere negative Gruppen aus, wie z. B. $SO_3H$, COOH, Cl, Br, J, CN usw., wenn sie, wie im vorstehenden Beispiel, in p-Stellung oder auch wenn sie in o-Stellung zum auszutauschenden Halogen stehen.

Die Überführung von Hydroxylverbindungen in Amine bildet die unmittelbare Umkehrung der oben erwähnten, unter 5. erläuterten Reaktion, nach der man Phenole aus Aminen darstellen kann. Geht man bei dieser Art der Amidierung z. B. von $\beta$-Naphtol aus, so verläuft die Reaktion nach dem Schema:

$$C_{10}H_7 \cdot OH + NH_3 \longrightarrow C_{10}H_7 \cdot NH_2 + H_2O.$$

$\beta$-Naphtol Ammoniak $\beta$-Naphtylamin Wasser

oder

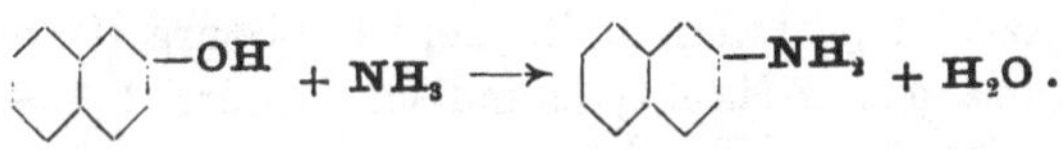


Ein Zusatz gewisser Salze, wie Chlorkalcium, $CaCl_2$, und Chlorzink, $ZnCl_2$, hat sich bei diesen Amidierungen als förderlich erwiesen; besonders aber gilt dies von dem schwefligsauren Ammoniak, $(NH_4)_2SO_3$, das die Amidierung in vielen Fällen ebenso erleichtert, wie das saure schwefligsaure Natrium, $NaHSO_3$, den umgekehrten Prozeß der Abspaltung von $NH_3$ aus Aminen (s. oben). Übrigens ist das Verhalten der aromatischen Hydroxylverbindungen gegenüber Ammoniak, d. h. die Leichtigkeit, mit der die Bildung der entsprechenden Amine stattfindet, sehr unterschiedlich. Während einzelne Phenole sich sehr leicht in die entsprechenden Amine umwandeln lassen, setzen andere der Ausführung dieser Operation einen solchen Widerstand entgegen, daß von einer technischen Anwendung dieses Prozesses nicht die Rede sein kann. In solchen Fällen müssen die Amine auf anderem Wege, meist durch Reduktion der entsprechenden Nitroverbindungen (s. S. 58 unter Nr. 7) dargestellt werden.

Ersetzt man in dem obigen Schema das Ammoniak durch solche Abkömmlinge desselben, in denen ein Wasserstoff durch Kohlenwasserstoffreste der Fettreihe, wie das $CH_3$ (Methyl), oder $CH_2 \cdot CH_3$ (Äthyl = $C_2H_5$) oder durch Reste der aromatischen Reihe, wie z. B. $C_6H_5$ (Phenyl) oder $C_6H_4 \cdot CH_3$ (Tolyl), ersetzt ist, so gestaltet sich die Reaktion in ganz analoger Weise:

$$C_{10}H_7 \cdot OH + H \cdot NH \cdot CH_3 \longrightarrow C_{10}H_7 \cdot NH \cdot CH_3 + H_2O.$$

$\beta$-Naphtol Methylamin Methyl-$\beta$-Naphtylamin Wasser

und

$$C_{10}H_7 \cdot OH + H \cdot NH \cdot C_6H_5 \longrightarrow C_{10}H_7 \cdot NH \cdot C_6H_5 + H_2O.$$

$\beta$-Naphtol Anilin Phenyl-$\beta$-Naphtylamin Wasser

Auf diese Weise entstehen die alkylierten und arylierten aromatischen Amine.

7. Eine außerordentlich wichtige Reaktion zur Darstellung von Zwischenkörpern der Teerfarbenfabrikation ist die Reduktion der Nitrokörper zu Aminen, gemäß dem Schema:

$$\underset{\text{Nitrobenzol}}{C_6H_5 \cdot NO_2} + \underset{\text{Wasserstoff}}{6H} \longrightarrow \underset{\text{Anilin}}{C_6H_5 \cdot NH_2} + \underset{\text{Wasser}}{2H_2O}.$$

Diese Reaktion bildet in vielen Fällen die einzige Möglichkeit, um in technisch leicht ausführbarer Weise zu Aminen gelangen. Eine ihrer wichtigsten Anwendungen findet sie bei der Darstellung des Anilins, $C_6H_5 \cdot NH_2$; ferner aber auch bei Gewinnung der Toluidine, $CH_3 \cdot C_6H_4 \cdot NH_2$, und Xylidine, $(CH_3)_2 \cdot C_6H_3 \cdot NH_2$, des $\alpha$-Naphtylamins, $C_{10}H_7 \cdot NH_2$, und der $\alpha$-Naphtylaminsulfonsäuren, $H_2N \cdot C_{10}H_6 \cdot SO_3H$, z. B. der 1·6-Säure (I) oder der 1·7-Säure (II) sowie der $\alpha$-Naphtylamindisulfonsäure 1·4·8 (III):

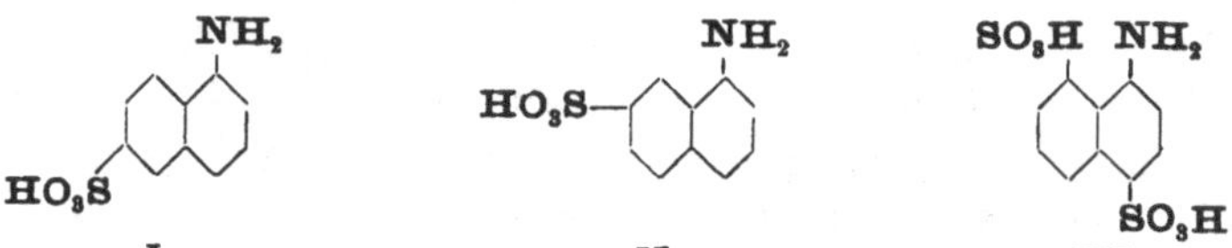


I II III

Von Bedeutung ist diese Methode auch für die Darstellung der Amino- und Diaminoanthrachinone und ihrer Sulfonsäuren. Der zur Reduktion erforderliche Wasserstoff, und zwar auf eine Nitrogruppe 6 Atome Wasserstoff, wird nicht als solcher dem Nitrokörper zugeführt, sondern man läßt den Wasserstoff im Augenblick der Entstehung, „in statu nascendi", wie man zu sagen pflegt, auf die Nitroverbindungen einwirken, z. B. in der Weise, daß man Eisen oder Zink auf Salz- oder Essigsäure in Gegenwart von Nitroverbindungen einwirken läßt. Unter diesen Bedingungen tritt der Wasserstoff gar nicht als solcher in Erscheinung, sondern er wird unmittelbar in Wasser übergeführt, entsprechend etwa der Reaktionsgleichung:

$$\underset{\text{Nitrobenzol}}{C_6H_5 \cdot NO_2} + \underset{\text{Zink}}{3Zn} + \underset{\text{Salzsäure}}{6HCl} \longrightarrow \underset{\text{Anilin}}{C_6H_5 \cdot NH_2} + \underset{\text{Chlorzink}}{3ZnCl_2} + \underset{\text{Wasser}}{2H_2O}.$$

Das billigste Reduktionsmittel, das deshalb auch vorwiegend in der Technik zur Anwendung gelangt, ist das metallische Eisen in Form von Eisenfeilspänen. An Säure (Salz- oder Essigsäure) verwendet man in der Technik nicht die ganze der obigen Reaktionsgleichung entsprechende Menge, sondern nur einen verhältnismäßig geringen Bruchteil. Unter diesen Bedingungen erfolgt die Reduktion der Nitroverbindungen im wesentlichen unter Vermittlung des Eisenchlorürs, $FeCl_2$, das abwechselnd auf der einen Seite durch den Nitrokörper zu einem basischen Chlorid, $Fe_2Cl_4O$, oxydiert und anderseits durch das im Überschuß vorhandene metallische Eisen wieder reduziert wird, unter gleichzeitiger Bildung von $Fe_3O_4$ (Eisenoxyduloxyd).

Unter gewissen Bedingungen lassen sich bei der Einwirkung von Reduktionsmitteln auf Nitrokörper Verbindungen isolieren, von denen einige als Zwischenkörper beim Übergang der Gruppe $NO_2$ in die Gruppe $NH_2$ aufgefaßt werden können und die eine gewisse technische Bedeutung erlangt haben. Derartige Zwischenkörper sind z. B. auf dem Wege vom Nitrobenzol zum Anilin die folgenden: Nitrosobenzol, $C_6H_5{\cdot}NO$, Azoxybenzol, $C_6H_5\underbrace{N{\cdot}N}_{O}{\cdot}C_6H_5$, Phenylhydroxylamin, $C_6H_5{\cdot}NH{\cdot}OH$, und das Azobenzol, $C_6H_5{\cdot}N{=}N{\cdot}C_6H_5$. Werden an dieses noch zwei weitere Atome Wasserstoff addiert, so entsteht das Hydrazobenzol, $C_6H_5{\cdot}NH{\cdot}NH{\cdot}C_6H_5$, das bei der Einwirkung von Mineralsäuren eine eigenartige Umwandlung erfährt, die zur Bildung von Benzidin, $H_2N{\cdot}C_6H_4{\cdot}C_6H_4{\cdot}NH_2$ führt. Nach diesem wichtigen Körper ist eine große Klasse von Azofarbstoffen benannt worden, nämlich die Benzidinfarbstoffe, die durch besonders wertvolle Eigenschaften ausgezeichnet sind und zu deren Aufbau als wesentliche Bestandteile diazotiertes Benzidin und seine Abkömmlinge verwendet werden (s. S. 38 u. S. 74).

Ein alkalisches Reduktionsmittel ist das Schwefelnatrium, $Na_2S + 9\,H_2O$, das gleichfalls sehr billig ist und in neuester Zeit in großen Mengen zu Reduktionszwecken, außerdem aber auch für die Darstellung von Schwefelfarbstoffen verwendet wird.

Außer der im vorstehenden geschilderten Methode der Darstellung von Aminen aus Nitrokörpern spielen auch noch andere Reduktionsprozesse, d. h. solche Prozesse, die meist auf der Einwirkung von nascierendem Wasserstoff beruhen, eine wichtige Rolle auf dem Gebiete der Teerfarbenfabrikation und der Färbereitechnik. Hierher gehört z. B. die Reduktion von Ketonen zu den entsprechenden sekundären Alkoholen:

$$>CO + H_2 \longrightarrow >C<^{OH}_{H},$$

die Reduktion von Diazoverbindungen zu Hydrazinen:

$$C_6H_5{\cdot}N_2{\cdot}Cl + 4\,H \longrightarrow C_6H_5{\cdot}NH{\cdot}NH_2 + HCl$$

und insbesondere die Reduktion der Farbstoffe selbst, wodurch entweder eine mehr oder minder weitgehende Spaltung derselben in ihre Bestandteile eintritt oder die Umwandlung in Wasserstoffadditionsprodukte, die durch nachfolgende Oxydation meist leicht wieder in die ursprünglichen gefärbten Verbindungen zurückverwandelt werden können. Reduktionen von Farbstoffen der ersteren Art finden u. a. statt bei der Ätzung von gefärbten Geweben, wodurch entweder weiße, oder falls die Ätzfarbe noch andere Farbstoffe enthält, bunte Muster erzielt werden. (Näheres siehe beim Abschnitt über Ätzen, S. 107f.)

Auf einer Reduktion der zweiten Art beruht die Indigofärberei, wie sie seit Jahrtausenden und auch heute noch geübt wird, unter Anwendung eines Verfahrens, das man „Verküpung" nennt. In letzter Zeit ist dies Verfahren auf eine Anzahl neuerer, durch besondere Echtheit ausgezeichneter Farbstoffe ausgedehnt worden, die man unter dem gemeinsamen Namen „Küpenfarbstoffe" zusammenfaßt (s. S. 84).

Eine weitere sehr wichtige Klasse von Farbstoffen, die nach ähnlichen Prinzipien gefärbt werden, obwohl sie in ihrem chemischen Aufbau von den Küpenfarbstoffen erheblich abweichen, sind die Schwefelfarbstoffe, so genannt, weil sie als wesentlichen und auch für ihr färberisches Verhalten bestimmenden Bestandteil Schwefel enthalten, natürlich in gebundener Form. Sie werden in alkalischem Bade gefärbt unter Anwendung von Schwefelnatrium als Reduktionsmittel. (Näheres s. S. 82ff.)

8. In unmittelbarem Gegensatz zur Reduktion steht die Oxydation, ein Prozeß, der bekanntlich in seiner einfachsten Form die Addition von Sauerstoff an Elemente oder Atomgruppen bezweckt, wie z. B. die Oxydation von Eisen, Fe, zu Eisenoxydul, FeO, oder Kupfer, Cu, zu Kupferoxyd, CuO. Auch die Kohlenwasserstoffe der Benzolreihe und ihre Abkömmlinge, die uns hierbei zunächst interessieren, sind der Oxydation fähig; doch äußert sich die oxydierende Wirkung des Sauerstoffs oder anderer Oxydationsmittel vielfach nicht nur in einer Addition von Sauerstoff, sondern in einer gleichzeitigen Wegnahme von Wasserstoff, wodurch der Gegensatz zur Reduktion, die, wie oben dargelegt, meist die Addition von Wasserstoff bewirkt, deutlich in die Erscheinung tritt. Um das Gesagte an einigen typischen Beispielen zu erläutern, sei folgendes angeführt.

Anilin gibt, wenn es unter ganz bestimmten, hier nicht zu erörternden Bedingungen oxydiert wird, Nitrosobenzol:

$$C_6H_5 \cdot NH_2 + 2O \longrightarrow C_6H_5 \cdot NO + 2H_2O .$$

Anilin Sauerstoff Nitrosobenzol Wasser

Umgekehrt wird Nitrosobenzol durch Reduktion in Anilin übergeführt:

$$C_6H_5 \cdot NO + 4H \longrightarrow C_6H_5 \cdot NH_2 + H_2O.$$
Nitrosobenzol Wasserstoff Anilin Wasser

Wird Hydrazobenzol $C_6H_5 \cdot NH \cdot NH \cdot C_6H_5$ gelinde oxydiert, so entsteht das Azobenzol, $C_6H_5 \cdot N{=}N \cdot C_6H_5$, das umgekehrt durch Reduktion, d. h. durch Anlagerung von 2 Atomen Wasserstoff, wieder in Hydrazobenzol übergeht:

$$C_6H_5 \cdot NH \cdot NH \cdot C_6H_5 + O \longrightarrow C_6H_5 \cdot N{=}N \cdot C_6H_5 + H_2O$$
Hydrazobenzol Sauerstoff Azobenzol Wasser

und

$$C_6H_5 \cdot N{=}N \cdot C_6H_5 + 2H \longrightarrow C_6H_5 \cdot NH \cdot NH \cdot C_6H_5.$$
Azobenzol Wasserstoff Hydrazobenzol

Etwas Ähnliches ist der Übergang des Thiophenols, $C_6H_5 \cdot SH$, in die Verbindung $C_6H_5 \cdot S{-}S \cdot C_6H_5$ (Phenyldisulfid) durch Oxydation und die Umkehrung dieses Vorgangs, die Reduktion des Phenyldisulfids zum Thiophenol:

$$C_6H_5 \cdot SH + O + HS \cdot C_6H_5 \longrightarrow C_6H_5 \cdot S \cdot S \cdot C_6H_5 + H_2O$$
Thiophenol Sauerstoff Thiophenol Phenyldisulfid Wasser

und

$$C_6H_5 \cdot S{-}S \cdot C_6H_5 + H_2 \longrightarrow 2C_6H_5 \cdot SH.$$
Phenyldisulfid Wasserstoff Thiophenol

Die diesen beiden letzten Reaktionsgleichungen zugrunde liegenden chemischen Vorgänge spielen eine sehr wichtige Rolle beim Färben der Schwefelfarbstoffe (s. S. 92).

Wird Toluol, $C_6H_5 \cdot CH_3$, oxydiert, so entsteht der Benzaldehyd, das sogenannte Bittermandelöl, $C_6H_5 \cdot CHO$:

$$C_6H_5 \cdot CH{<}^{H}_{H} + 2O \longrightarrow C_6H_5 \cdot CHO + H_2O.$$
Toluol Sauerstoff Benzaldehyd Wasser

Die Umkehrung der Reaktion, die Reduktion des Benzaldehyds zum Toluol, läßt sich auf einfache Weise nicht bewirken.

Derartige Reduktions- und Oxydationsprozesse spielen eine große Rolle vor allem auch bei der Synthese der Teerfarbstoffe, also bei ihrer technischen Darstellung. Sowohl der erste Teerfarbstoff, das Perkinsche Mauveïn, als auch der zweite, das von Hofmann entdeckte Anilinrot oder Fuchsin, beide verdanken ihre Entstehung einem Oxydationsprozeß, der zwar in seinen einzelnen Phasen sich durchaus nicht ganz einfach gestaltet, der aber seinen sozusagen sichtbaren Ausdruck in einer bloßen Wegnahme von Wasserstoff findet, wie aus einem Vergleich der Ausgangsmaterialien, z. B. für das einfachste Fuchsin (das sogen. Parafuchsin), mit dem fertigen Farbstoff (bzw. der Farbstoffbase) zu sehen ist:

$$\begin{matrix} H\cdot C_6H_4\cdot NH_2 \\ H_3C\cdot C_6H_4\cdot NH_2 \\ H\cdot C_6H_4\cdot NH_2 \end{matrix} \longrightarrow C\begin{matrix} \diagup C_6H_4\cdot NH_2 \\ -C_6H_4{=}NH \\ \diagdown C_6H_4\cdot NH_2 \end{matrix} + H_6 .$$

Auf der linken Seite haben wir 2 Mol. Anilin und 1 Mol. p-Toluidin, auf der rechten Seite das Molekül der Farbstoffbase, an dem die 3 Teile, aus denen es entstanden ist, noch deutlich zu erkennen sind. Die Wegnahme der 6 Atome Wasserstoff hat die Verkettung der 3 Mol. Aminbase zu 1 Mol. Farbstoff in der aus dem Schema ersichtlichen Weise herbeigeführt. (Näheres siehe bei den Triphenylmethanfarbstoffen S. 75).

In anologer Weise, d. h. gleichfalls durch Abspaltung von Wasserstoff, entsteht das Mauveïn aus 4 Mol. Aminbase. Im übrigen verläuft die Reaktion, die zu einem ganz abweichend gestalteten Farbstoffmolekül führt, in ihren Einzelheiten nach einem wesentlich anderen Schema. (Näheres siehe bei den Azinen S. 80ff.)

9. Kondensation. Wie schon aus den beiden unter 8. mitgeteilten Beispielen hervorgeht, ist die Oxydation sehr häufig mit einer Kondensation verbunden, d. h. es werden durch den Oxydationsprozeß 2, 3 und mehr Moleküle miteinander verkettet, was zwar nicht regelmäßig, aber sehr häufig eine Farbstoffbildung zur Folge hat oder wenigstens zu Vorprodukten führt, die sich leicht in Farbstoffe umwandeln lassen. Derartige Kondensationen, die eine Folge von Oxydationsprozessen sind, kann man wohl als oxydative Kondensationen bezeichnen, im Gegensatz zu den reinen Kondensationen, die ohne Mitwirkung eines Oxydationsmittels zustande kommen. So z. B. kann man die Bildung einer Diazoverbindung aus einem salzsauren Amin und Nitrit (s. S. 55f.) und ebenso die Bildung eines Azofarbstoffes aus Diazoverbindung und Azokomponente, z. B.:

$$\underset{\text{Benzoldiazonium-chlorid}}{C_6H_5\cdot N_2\cdot Cl} + \underset{\text{Phenol-natrium}}{H\cdot C_6H_4\cdot O\cdot Na} \longrightarrow \underset{\text{Oxyazobenzol}}{C_6H_5\cdot N{=}N\cdot C_6H_4\cdot OH} + \underset{\text{Kochsalz}}{NaCl},$$

als einen reinen Kondensationsvorgang ansehen.

Unter einer inneren Kondensation versteht man einen Kondensationsvorgang, bei dem nicht 2 oder mehrere Moleküle zusammentreten, sondern bei der sich ein analoger Vorgang an einem einzigen Molekül, aber zwischen den einzelnen Teilen desselben in einer Weise abspielt, wie sie gewöhnlich zwischen 2 vorher getrennten Molekülen vor sich zu gehen pflegt. Als Beispiel sei eine Phase aus einer der wichtigsten Farbstoffsynthesen angeführt, nämlich aus der Indigofabrikation. Läßt man als Kondensationsmittel Natriumamid, $NaNH_2$ (ein Derivat des Ammoniaks, $NH_3$, in dem 1 Wasserstoff durch Natrium ersetzt ist) einwirken auf den „Phenylglycin“ genannten Zwischenkörper $C_6H_5 \cdot NH \cdot CH_2 \cdot COOH$, der, wie man sieht, ein Abkömmling des Anilins, $C_6H_5 \cdot NH_2$, ist, in dem 1 Wasserstoff der $NH_2$-Gruppe durch den Essigsäurerest $CH_2 \cdot COOH$ substituiert ist, so bildet sich unter Austritt von 1 Mol. Wasser, indem die Gruppe COOH in den Benzolkern eingreift, ein „Indoxyl“ genannter Körper, auf den früher bereits als Bestandteil des in der Indigopflanze vorkommenden Glucosids „Indikan“ hingewiesen wurde.

Die Indoxylbildung vollzieht sich nach dem Schema:

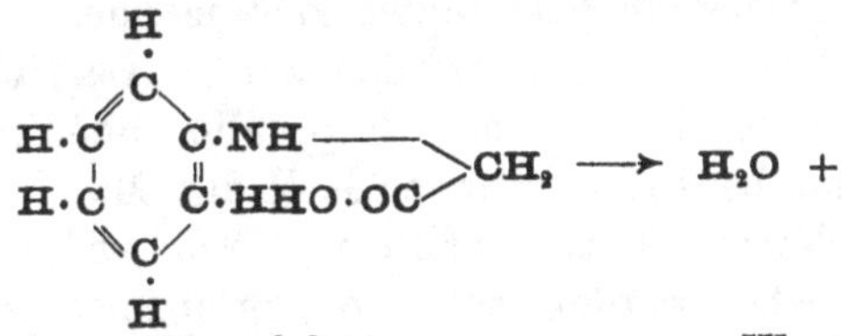

Phenylglycin Wasser

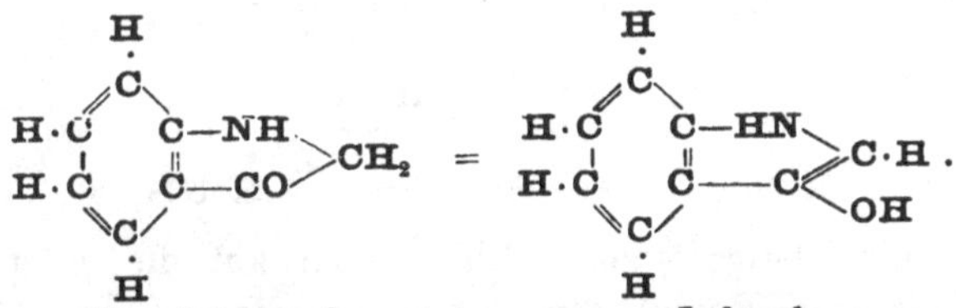

Pseudoindoxyl Indoxyl

Vom Indoxyl zum Indigo selbst ist nur ein Schritt, denn es genügt (wie bereits früher erwähnt, s. S. 16) der Sauerstoff der Luft, um unter geeigneten Umständen eine ziemlich glatt verlaufende oxydative Kondensation zwischen 2 Mol. Indoxyl herbeizuführen, die die Entstehung des Indigos zur Folge hat:

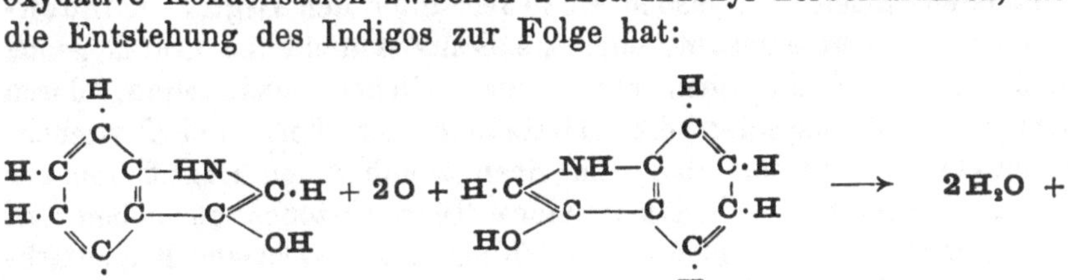

Indoxyl Sauerstoff Indoxyl

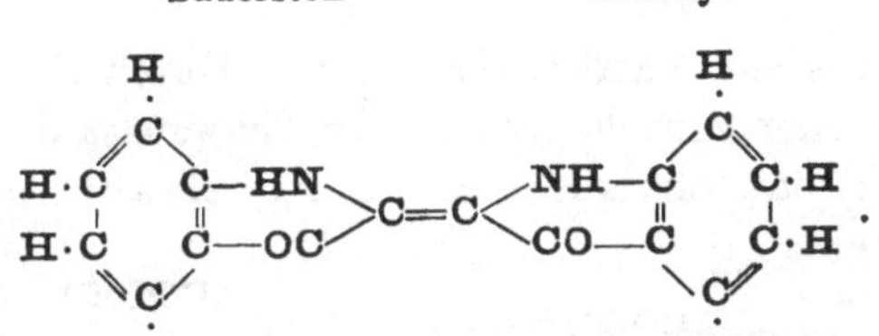

Indigo

Aus den hier in aller Kürze und mit Beschränkung auf das allerwesentlichste geschilderten Reaktionen geht schon mit genügender Deutlichkeit hervor, wie zahlreich die Mittel sind, über die die Teerfarbenindustrie verfügt, um ihre unzähligen Produkte von der verschiedenartigsten Zusammensetzung und den verschiedenartigsten Eigenschaften darzustellen. Zunächst seien noch einmal in einem einfachen Schema die unter 1—7 genannten Reaktionen vorgeführt, um ihren Zusammenhang zu zeigen und um gleichzeitig erkennen zu lassen, wie mannigfach die auch technisch wirklich gangbaren Wege sind, auf denen ein bestimmtes Ziel je nach den besonderen Umständen des Falles erreicht werden kann. Bezeichnet man den aromatischen Rest des Benzols oder Naphtalins oder ihrer Abkömmlinge mit „R“ und bedeutet demnach R·H das Molekül, in dem das besonders bezeichnete Wasserstoffatom durch andere Atome oder Atomgruppen ersetzt werden soll, so ergibt sich etwa folgendes Bild:

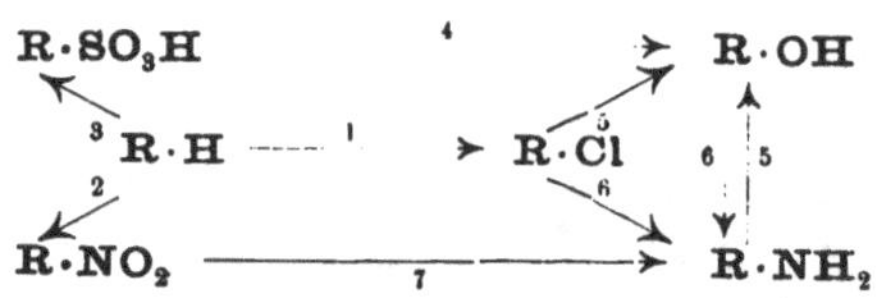


Die den Pfeilen beigefügten Zahlen sollen auf die entsprechenden, oben geschilderten Reaktionen verweisen, die bei Überführung der einen Verbindung in eine andere neue zur Anwendung gelangen.

Es soll auch nicht unerwähnt bleiben, daß es außer den obengenannten Reaktionen noch eine große Zahl anderer Methoden gibt, die in der Teerfarbenindustrie zur Anwendung gelangen. Diese Methoden lassen sich jedoch entweder unter den Begriff „Kondensation“ zusammenfassen, oder sie besitzen nicht die grundlegende Bedeutung wie die oben etwas ausführlicher behandelten, deren Hauptanwendungsgebiet die Darstellung der Vor- und Zwischenprodukte ist. Es soll aber, um einen annähernden Begriff von der Umständlichkeit der Synthese eines Teerfarbstoffes zu geben, an einem weiteren Beispiel die Darstellung eines wichtigen Küpenfarbstoffes, des Thioindigorots, in ihren einzelnen Phasen geschildert werden:

Man geht aus von Naphtalin, $C_{10}H_8$. Durch Oxydation (mittels der Bichromate oder mittels rauchender Schwefelsäure in Gegenwart von Quecksilber) entsteht aus ihm die Phtalsäure = 1,2-Benzoldicarbonsäure:

$$C_6H_4 <^{COOH}_{COOH}$$ oder

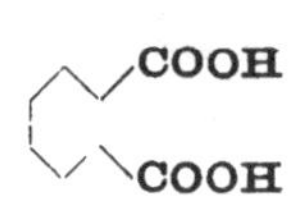

bzw. deren um 1 Mol. Wasser ärmeres Anhydrid:

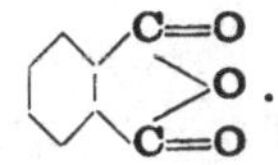

Durch Kondensation mit Ammoniak, $NH_3$, bildet sich das Phtalimid:

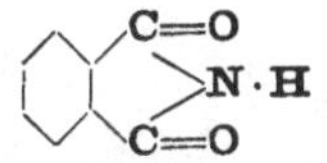 $= C_6H_4<^{CO}_{CO}>NH$;

durch Behandlung desselben mit unterchlorigsaurem Natron (NaOCl) erhält man die Anthranilsäure oder Anilin-o-carbonsäure:

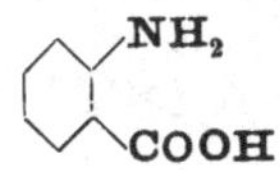 $= C_6H_4<^{NH_2}_{COOH}$.

Diese wird diazotiert zur Diazoanthranilsäure, etwa von der Konstitution:

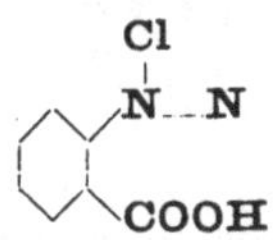 $= C_6H_4<^{N_2 \cdot Cl}_{COOH}$.

Durch Behandlung dieser Diazoverbindung mit Natriumdisulfid, $Na_2S_2$, erhält man, in analoger Reaktion wie unter 5 für die Überführung von Aminen in Phenole beschrieben, das entsprechende Disulfid:

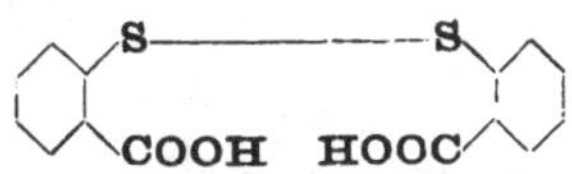 $= C_6H_4<^{S\text{———————}S}_{COOH \quad HOOC}>C_6H_4$,

das durch Reduktion leicht in die zugehörige Thiophenol-o-carbonsäure, $C_6H_4<^{SH}_{COOH}$, übergeführt werden kann. Läßt man auf diese, auch „Thiosalicylsäure“ genannte Verbindung die Monochloressigsäure, $Cl \cdot CH_2 \cdot COOH$, einwirken, so findet eine Kondensation statt, die man in vorliegendem Falle auch als doppelte Umsetzung bezeichnen kann, wie sie in der anorganischen Chemie eine so große Rolle spielt. Dabei entsteht eine Verbindung von der Formel

$$C_6H_4<^{S-CH_2 \cdot COOH}_{COOH},$$

die durch innere Kondensation in die ringförmig konstituierte Oxythionaphtencarbonsäure,

$$C_6H_4<^{S}_{C-OH}>C-COOH,$$

oder durch weitere Abspaltung von Kohlensäure, $CO_2$, in das Oxythionaphten selbst übergeht:

$$C_6H_4<\genfrac{}{}{0pt}{}{S}{C-OH}>C-COOH \longrightarrow C_6H_4<\genfrac{}{}{0pt}{}{S}{C-OH}>C\cdot H + CO_2\,.$$

Das Oxythionaphten ist ein Analogon des Indoxyls,

$$C_6H_4<\genfrac{}{}{0pt}{}{NH}{C\cdot OH}>C\cdot H\,,$$

nicht nur bezüglich seiner Konstitution, sondern auch im Hinblick auf seine leichte Überführbarkeit in einen allerdings nicht wie Indigo blau, sondern prächtig violettrot färbenden Farbstoff:

$$\underset{\text{Oxythionaphten}}{C_6H_4<\genfrac{}{}{0pt}{}{S}{C\cdot OH}>C\cdot H} + \underset{\text{Sauerstoff}}{2\,O} + \underset{\text{Oxythionaphten}}{H\cdot C<\genfrac{}{}{0pt}{}{S}{HO\cdot C}>C_6H_4} \longrightarrow$$

$$\underset{\text{Thioindigorot}}{C_6H_4<\genfrac{}{}{0pt}{}{S}{CO}>C{=}C<\genfrac{}{}{0pt}{}{S}{CO}>C_6H_4} + \underset{\text{Wasser}}{2\,H_2O}\,.$$

Als zweites Beispiel sei ein verhältnismäßig einfacher Azofarbstoff gewählt und zwar ein solcher, der Baumwolle direkt, d. h. ohne Beize, blauschwarz färbt und der durch weitere Entwicklung mittels $\beta$-Naphtol auf der Faser (s. S. 105) in ein technisch wertvolles Schwarz übergeht, das insbesonders vor der Darstellung der billigen schwarzen Schwefelfarbstoffe von großer Bedeutung war, das Diaminschwarz RO von der Formel:

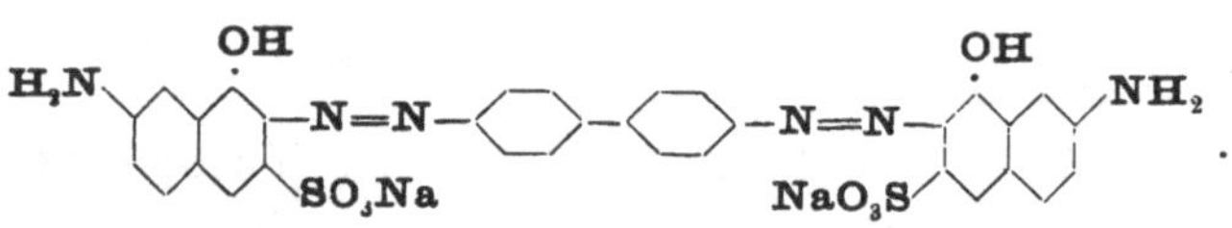


Als Ausgangsmaterialien dienen 1 Mol. Benzidin, $H_2N\cdot C_6H_4\cdot C_6H_4\cdot NH_2$, und 2 Mol. Aminonaphtolsulfonsäure $\gamma$ von der Konstitution

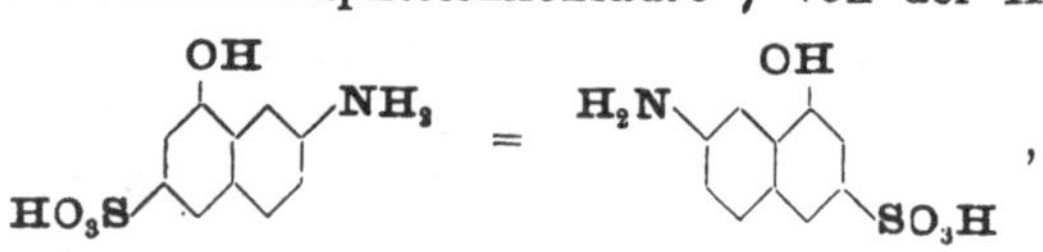


die man beide als Teile des oben wiedergegebenen Farbstoffmoleküls noch deutlich zu erkennen vermag. Für die Darstellung des Benzidins kommen folgende Operationen in Betracht: 1. Nitrierung des Benzols zu Nitrobenzol, $C_6H_5\cdot NO_2$, 2. Reduktion des Nitrobenzols zu Hydrazobenzol, $C_6H_5\cdot NH\cdot NH\cdot C_6H_5$, 3. Umlagerung des Hydrazobenzols zu Benzidin, $H_2N\cdot C_6H_4\cdot C_6H_4\cdot NH_2$. Als vierte Operation schließt sich an die Diazotierung des Benzidins zum sogenannten

Tetrazodiphenyl, $N\equiv NCl\cdot C_6H_4\cdot C_6H_4\cdot NCl\equiv N$. Die zweite Komponente, die $\gamma$-Säure, die man als Azokomponente von der ersten, der Diazokomponente, unterscheidet, macht zu ihrer Darstellung die folgenden Operationen erforderlich: 1. Sulfonierung des Naphtalins zur Naphtalin-$\beta$-sulfonsäure (I), 2. Verschmelzung der $\beta$-Naphtalinsulfonsäure zum $\beta$-Naphtol, 3. Sulfonierung des $\beta$-Naphtols zur $\beta$-Naphtol-6,8-disulfonsäure (II), 4. Amidierung der $\beta$-Naphtoldisulfonsäure zur $\beta$-Naphtylamindisulfonsäure (III), 5. Verschmelzung der $\beta$-Naphtylamindisulfonsäure zur Aminonaphtolsulfonsäure $\gamma$ (IV):

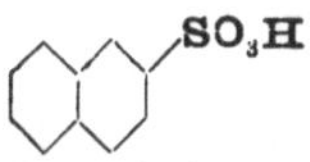

I

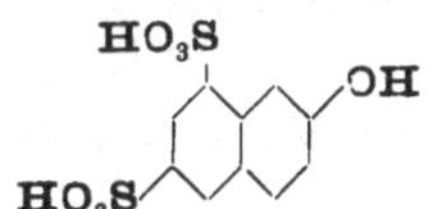

II

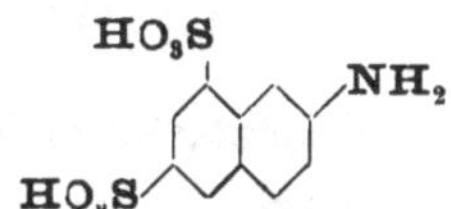

III

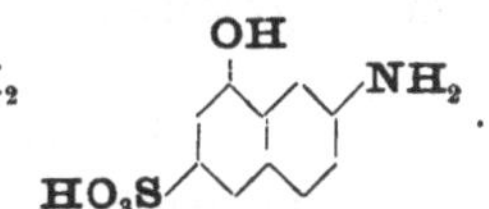

IV

Den Schlußakt der Farbstoffsynthese bildet die Kuppelung oder Kombination der beiden bisher vollständig getrennten Komponenten zum Diaminschwarz. Sie erfolgt in der Weise, daß man die Diazolösung aus Benzidin langsam zu der in wässeriger Soda gelösten $\gamma$-Säure einlaufen läßt. Der Farbstoff scheidet sich schon freiwillig nahezu vollkommen aus. Der Rest wird durch Zusatz von festem Kochsalz zur Abscheidung gebracht, d. h. ausgesalzen. Durch Abfiltrieren, das in großen Filterpressen vorgenommen wird und wozu man die farbstoffhaltige Reaktionsmasse, um sie besser filtrierbar zu machen, meist vorher aufwärmt, wird der Farbstoff zunächst in Form eines noch ziemlich feuchten Kuchens gewonnen, der schließlich durch Trockenen und Mahlen in die handelsübliche Pulverform übergeführt wird.

Es wird kaum weiterer Beispiele bedürfen, um das zu erläutern, was bereits auf S. 41 gesagt wurde, daß nämlich die Gewinnung der Teerfarbstoffe aus dem Teer durchaus keine einfache Sache ist, sondern daß es einer Reihe sehr sorgfältig auszuführender Operationen bedarf, um zum gewünschten Endergebnis, einem marktfähigen Farbstoff, zu gelangen. Denn es ist leicht ersichtlich, daß je größer die Zahl der technischen Operationen ist, um so größer auch die Ausbeuteverluste werden. Selbst bei Ausbeuten von 90 % für jede einzelne Operation, die tatsächlich aber gar nicht immer erreicht werden können, sinkt die Ausbeute bei der 5. Operation schon auf etwa 59 %, d. h. wenn wir bei dem oben angeführten Beispiel der Darstellung der $\gamma$-Säure bleiben: Geht man von 1 Mol. Naphtalin aus, so erhält man unter den oben vorausgesetzten günstigen Ausbeutebedingungen 0,59 Mol. $\gamma$-Säure, oder, in Gewichtszahlen ausgedrückt, aus 128 kg Naphtalin (Mol. = 128) erhält man etwa 141 kg $\gamma$-Säure (Mol. = 239), eine Ausbeute, die wohl tatsächlich technisch kaum erzielt werden dürfte. Man wird es begreiflich finden, wenn in Anbetracht dieser Umstände, d. h. in Anbetracht der großen Kosten für Ausgangs- und Hilfsmaterialien, für Arbeitslöhne, Apparaturen und Gebäulichkeiten, für Kraft, Dampf und Beleuchtung usw., der Preis von etwa 10 Pfg. für 1 kg Naphtalin je nach den besonderen Verhältnissen der Fabrikation auf rund 4—5 Mark für 1 kg $\gamma$-Säure steigt. Ähnliches ergibt sich für das Benzidin, dessen Preis für 1 kg rund 2,50 Mark beträgt, gegenüber einem Preis von rund 25 Pfg. für 1 kg Benzol.

### 6. Die Hilfsmaterialien und Nebenbetriebe.

Aus den vorstehenden Darlegungen geht gleichzeitig wohl klar genug hervor, welche bedeutungsvolle und wichtige Rolle die Hilfsmaterialien bei der Erzeugung der Teerfarbstoffe spielen. Jede der oben bezeichneten Operationen zur Darstellung der Zwischenprodukte Tetrazodiphenyl und $\gamma$-Säure im obigen Beispiel des Diaminschwarz und endlich auch die letzte Operation, die Kuppelung oder Kombination selbst, setzt die Anwendung erheblicher Mengen von Hilfsstoffen voraus. Da wird das Interesse verständlich, das gerade die Teerfarbenfabriken an der Weiterentwicklung solcher Industriezweige genommen haben, die sich mit der Herstellung jener Hilfsstoffe beschäftigen. Dieses Interesse hat die Teerfarbenfabriken in vielen Fällen sogar dazu geführt, nicht nur selbst die Erzeugung jener Hilfsstoffe in die Hand zu nehmen, sondern auch bahnbrechend mit eigenen Erfindungen auf diesem Gebiete voranzugehen.

Als eines der bemerkenswertesten Beispiele sei hier nochmals die Erzeugung der rauchenden Schwefelsäure erwähnt. Wie auf S. 52 ausgeführt wurde, ist eine der wichtigsten Methoden zur Erzeugung von Zwischenprodukten die Sulfonierung, die auf der Einwirkung von Schwefelsäure beruht. Schon sehr bald wurde erkannt, daß viele Benzol- oder Naphtalinabkömmlinge sich mittels gewöhnlicher konzentrierter Schwefelsäure (mit etwa 95% $H_2SO_4$) nur schwierig oder überhaupt nicht sulfonieren lassen, daß dagegen stärkere, z. B. monhydratische oder gar rauchende Schwefelsäure sehr viel besser zum Ziele führt. Das zeigte sich besonders bei der Darstellung des Alizarins auf synthetischem Wege nach dem Verfahren von Caro. Eine Phase dieses Prozesses besteht nämlich in der Überführung des Anthrachinons

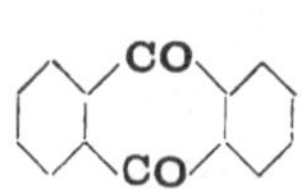

in die Anthrachinon-$\beta$-sulfonsäure,

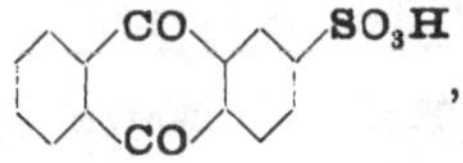

die nur unter Anwendung von rauchender Schwefelsäure, sogenanntem Oleum, einigermaßen glatt verläuft. Es war eine der glänzendsten technischen Leistungen des leider zu früh verstorbenen Chemikers Rudolf Knietsch, daß er den an sich schon längere Zeit bekannten Prozeß der Darstellung von Schwefelsäureanhydrid, $SO_3$, aus schwefliger Säure, $SO_2$, und dem Sauerstoff der Luft unter Anwendung von metallischem Platin als Kontaktsubstanz, also den sogenannten Kontaktprozeß, in dem Maße technisch vervollkommnete, daß man sogar daran denken konnte, das ältere Bleikammerverfahren zur Darstellung von Schwefelsäure aufzugeben, oder, wenn dies aus andern Gründen nicht angängig war, wenigstens die konzentrierte Schwefelsäure aus $SO_3$ und Wasser darzustellen. Der große Bedarf an Salpetersäure für die Zwecke der Nitrierung (s. S. 50) hat, wie schon früher bemerkt, mehrere Teerfarbenfabriken dazu veranlaßt, sich mit der Erzeugung von Salpetersäure, $HNO_3$, und salpetriger Säure, $HNO_2$, bzw. ihren Salzen aus dem Stickstoff und dem Sauerstoff der Luft zu befassen. Hier darf allerdings nicht unerwähnt bleiben, daß nicht allein der Wunsch für den eigenen Bedarf an Salpetersäure vom Auslande, insbesondere von dem den Salpeter ausführenden Chile unabhängig zu sein, maßgebend gewesen ist. Daneben, oder vielleicht auch vornehmlich, hat wohl die Erwägung mitgewirkt, daß bei weitem größer als der Bedarf der chemischen Industrie (vor allem der Farben- und Sprengstoffindustrie) an Salpetersäure, der Bedarf der Landwirtschaft an stickstoffhaltigen Düngemitteln ist, unter denen ja auch heute noch der Salpeter an Bedeutung bei weitem überwiegt. Wie sich in dieser Beziehung die Verhältnisse in Zukunft gestalten werden, ist jetzt noch nicht abzusehen. Es bietet sich hier eine solche Fülle von Möglichkeiten, und jedes Jahr bringt auf diesem Gebiete so durchgreifende Neuerungen, Änderungen und Verbesserungen, daß es fraglich erscheint, ob überhaupt ein einziges Verfahren den Sieg davon tragen wird und ob nicht vielmehr verschiedene Verfahren nebeneinander bestehen werden. Jedenfalls kann man wohl mit einiger Sicherheit voraussagen, daß die Teerfarbenindustrie (ebensowenig wie die Landwirtschaft) mit einer Salpeternot für die nächsten Jahrzehnte, und wahrscheinlich wohl auch für alle Zukunft, kaum zu rechnen haben wird.

Sich mit der Alkalichloridelektrolyse zu befassen, hatte die Teerfarbenindustrie eine doppelte Veranlassung. Die Elektrolyse von Kochsalz, NaCl, z. B. verläuft, nach ihren wesentlichen Ergebnissen betrachtet, gemäß dem Schema:

$$NaCl + H_2O \longrightarrow NaOH + H + Cl\,.$$

Sie liefert also das wertvolle Ätznatron auf der einen, Wasserstoff und Chlor auf der andern Seite. Von diesen drei Reaktionsprodukten dient Ätznatron, ebenso wie das aus Chlorkalium, KCl, entstehende Ätzkali, zur Verschmelzung der Benzol-, Naphtalin- usw. Sulfonsäuren auf Phenole, Naphtole und die übrigen Hydroxylverbindungen. Eine der zuerst im größten Maßstabe mittels Ätznatron ausgeführten Verschmelzungen war die Verschmelzung der Anthrachinon-$\beta$-sulfonsäure auf Alizarin. Sie verbraucht noch heute ebenso wie die $\beta$-Naphtolfabrikation erhebliche Mengen von Ätznatron. Das Chlor dient in der Teerfarbenindustrie einerseits zur Darstellung von Chlorabkömmlingen des Benzols, Naphtalins usw. (s. S. 49), anderseits aber auch zur Darstellung von Chlorsoda oder Chlorkalk, da der Bedarf an Ätznatron den an Chlor zu Chlorierungszwecken bei weitem übertrifft. Den Wasserstoff für ihre Zwecke unmittelbar zu verwenden, etwa zu Reduktionszwecken, ist der Teerfarbenindustrie in technisch befriedigender Weise bisher nicht gelungen, obwohl es an Versuchen bisher nicht gefehlt hat. In Zukunft wird ein großer Teil des Wasserstoffs wahrscheinlich für die Zwecke der Luftschiffahrt Verwendung finden.

Zu den Hilfsstoffen, die von den Farbenfabriken vielfach selbst hergestellt werden, gehört auch die Salzsäure, die als Neutralisationsmittel, zur Herstellung von Salzen aromatischer Amine (Anilinsalz) sowie vor allem auch beim Diazotieren (s. S. 55) und bei einer Reihe anderer Prozesse eine wichtige Rolle spielt. Da sie aber vielfach in der anorganischen Industrie als Abfall bei der Darstellung von Glaubersalz, $Na_2SO_4$, aus Kochsalz und Schwefelsäure gewonnen und in der Regel zu billigen Preisen auf dem Markte angeboten wird, so liegt eine dringende Veranlassung, die Säure selbst herzustellen, für die Farbenfabriken unter normalen Verhältnissen nicht vor.

Einer der wichtigsten Hilfsstoffe ist ferner die Soda, $Na_2CO_3$, die nicht nur zur Bildung von Natronsalzen der Zwischenprodukte und Farbstoffe und als Neutralisationsmittel in allen denjenigen Fällen Anwendung findet, in denen sie durch den billigen Ätzkalk nicht ersetzt werden kann, sondern die auch in großen Mengen verbraucht wird bei der Darstellung der Azofarbstoffe. Man kann wohl sagen, daß eine wässerige Sodalösung das typische Medium darstellt, in dem, von gewissen Ausnahmen abgesehen, die Kupplungen der Diazoverbindungen mit den Azokomponenten, den Phenolen, den Naphtolen und ihren Abkömmlingen, am besten vor sich gehen. Die neuere Entwicklung der Sodaindustrie, die heute völlig durch das SOLVAYsche Ammoniaksodaverfahren beherrscht wird, hat dazu geführt, daß die Farbenfabriken wohl ohne Ausnahme darauf verzichtet haben, den Bedarf an Soda selbst herzustellen, obschon die Teerfarbenindustrie wohl eine der größten Abnehmerinnen für dieses wichtige Erzeugnis der anorganischen Großindustrie sein dürfte.

Von den sonstigen, in mehr oder minder großen Mengen von den Farbenfabriken verbrauchten Hilfsstoffen seien noch die folgenden erwähnt, die aber an Bedeutung den vorher genannten weit nachstehen. Ammoniak wird wegen seines hohen Preises fast nur zu Zwecken der Amidierung (s. S. 56) gebraucht. Essigsäure, $CH_3 \cdot COOH$, wird in der Form von Eisessig (d. i. nahezu 100 %ige Essigsäure) bisweilen als Lösungsmittel verwendet, ferner, neben ihrem Anhydrid, $CH_3 \cdot CO \cdot O \cdot CO \cdot CH_3$, zum Acetylieren von Aminen und Phenolen (Überführung von $R \cdot NH_2$ in $R \cdot NH \cdot CO \cdot CH_3$ und von $R \cdot OH$ in $R \cdot O \cdot CO \cdot CH_3$). Ihre Rolle bei der Reduktion von Nitroverbindungen zu Aminen ($R \cdot NO_2 \longrightarrow R \cdot NH_2$) in wässeriger Lösung wurde bereits früher erwähnt (s. S. 58).

Eine zunehmende Bedeutung hat seit einer Reihe von Jahren der Formaldehyd, $CH_2O$, erlangt, einerseits als Ausgangsmaterial bei der Darstellung der Triphenylmethanfarbstoffe (s. S. 75), anderseits aber auch für die Darstellung der Formaldehydhydrosulfite und Formaldehydsulfoxylate (Rongalit und Hyraldit), deren Bedeutung als Ätzmittel später noch in dem Abschnitt über Färberei hervorgehoben werden soll. Die dem Formaldehyd entsprechende Säure, die Ameisensäure, $H \cdot COOH$, wird, nachdem ihre Herstellung wesentlich verbilligt worden ist, bisweilen in der Teerfarbenfabrikation, mehr aber in der Färbereitechnik angewandt. Als Oxydationsmittel seien hier kurz erwähnt das Kaliumpermanganat, $KMnO_4$, das Kalium- und Natriumbichromat, $K_2Cr_2O_7$ und $Na_2Cr_2O_7$, das Kaliumchlorat, $KClO_3$, die Chlorsoda, $NaOCl$, der Chlorkalk, $Ca(OCl)_2$, der Braunstein, $MnO_2$, und das Bleisuperoxyd, $PbO_2$. Als Reduktionsmittel kommen außer dem schon auf S. 58 unter 7. genannten Eisen und Zink das Zinn, das Zinnchlorür, $SnCl_2$, und vor allem das Schwefelnatrium, $Na_2S + 9H_2O$ in Betracht, dessen äußerst wichtige Rolle bei der Darstellung der Schwefelfarbstoffe bereits erwähnt wurde, indem es im Verein mit überschüssigem Schwefel, also in Form der verschiedenen Polysulfide dazu dient, um die gewünschte Anzahl von Schwefelatomen in das Molekül des Schwefelfarbstoffs einzuführen.

Die Rolle der Sulfite bei der Amidierung und umgekehrt bei der Hydroxylierung wurde bereits auf S. 55 und S. 57 kurz angedeutet. Als Reduktionsmittel finden die Sulfite nur ausnahmsweise Verwendung. Eigenartig und interessant ist die Verwendung des Natriumthiosulfats, $Na_2S_2O_3$, als Hilfsmittel zur Erzeugung der Salze der Thiosulfonsäuren der allgemeinen Formel $R \cdot S \cdot SO_3Na$, z. B. der asymmetrischen Dimethyl-p-Phenylendiaminthiosulfonsäure:

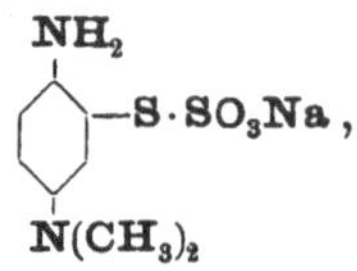


die sich durch den Mehrgehalt von 1 Atom Schwefel von den Salzen der Sulfonsäuren, $R \cdot SO_3 \cdot Na$, unterscheiden und die als Zwischenprodukte für die Darstellung der Thiazine (s. S. 80f.) von Wichtigkeit sind.

### 7. Einteilung der Farbstoffe nach chemischen und technischen Gesichtspunkten.

Versucht man der gewaltigen Fülle des Stoffes Herr zu werden, die sich dem Betrachter bei der großen Zahl von organischen Farbstoffen darbietet, so kann man, von anderen Möglichkeiten abgesehen, vor allem von zwei verschiedenen Gesichtspunkten aus eine Einteilung vornehmen. Man teilt entweder die Farbstoffe ein nach rein chemischen Merkmalen, d. h. nach ihrer Konstitution und im Zusammenhang damit nach ihrer technischen Darstellung, oder man wählt als maßgebende Grundlage für die Einteilung die Verwendung der Farbstoffe in der Färberei, im Zeugdruck usw. Im nachstehenden soll versucht werden, beiden eben erwähnten Einteilungsmöglichkeiten Rechnung zu tragen.

Einteilung der Farbstoffe nach ihrer Konstitution.

Ehe auf diesen Gegenstand näher eingegangen werden kann, bedarf es eines kurzen Hinweises darauf, was man auf Grund der heutigen Anschauungen als wesentlichen Bestandteil eines Farbstoffmoleküls anzusehen pflegt. Als Beispiel sei einer der einfachsten Vertreter aus der Klasse der Azofarbstoffe gewählt, das Aminoazobenzol von der Formel

$C_6H_5 \cdot N{=}N \cdot C_6H_4 \cdot NH_2$ gleich 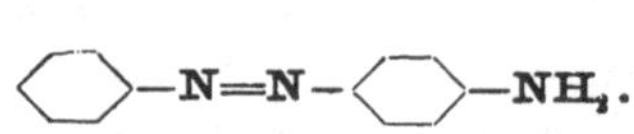


An dem Molekül dieses Farbstoffes haben wir zu unterscheiden die beiden Benzolkerne, die sog. Azogruppe —N=N— und die

Aminogruppe $NH_2$. Als ein sehr wesentlicher Bestandteil des Farbstoffes ist die Azogruppe —N=N— anzusehen. Da man in ihr den eigentlichen Träger der Farbstoffeigenschaften erblickt, so hat man ihr den Namen chromophore Gruppe oder Chromophor beigelegt. Dadurch, daß die chromophore Gruppe beiderseits mit aromatischen Kernen, d. h. im vorliegenden Falle mit je einem Benzolkern verknüpft ist, entsteht die „Azobenzol" genannte Verbindung $C_6H_5 \cdot N{=}N \cdot C_6H_5$, die sich von dem Aminoazobenzol dadurch unterscheidet, daß sie, wie man sieht, eine Aminogruppe nicht enthält. Das Fehlen der zum Stickstoff p-ständigen Aminogruppe macht sich nun beim Azobenzol in sehr auffälliger Weise bemerkbar, denn obwohl es, zum Unterschied z. B. vom farblosen Benzol, ein kräftig orangerot gefärbter Körper ist, so entbehrt es doch der Eigenschaften eines normalen Farbstoffes. Daraus geht also hervor, daß das Vorhandensein einer chromophoren Gruppe im Molekül einer aromatischen Verbindung allein noch nicht genügt, um derartigen Verbindungen, die man Chromogene nennt, den Charakter eines Farbstoffes zu verleihen. Es muß noch ein weiteres hinzukommen, um die Eigenschaften eines wirklichen Farbstoffes in die Erscheinung treten zu lassen. Im vorliegenden Falle ist dies die Aminogruppe in p-Stellung zur Azogruppe in dem einen der beiden Benzolkerne. Ihr Eintritt in das Farbstoffmolekül hat demnach eine den Farbstoffcharakter verstärkende Wirkung, und man nennt sie daher eine auxochrome Gruppe. Eine ganz ähnliche Wirkung wie die Aminogruppe besitzt die OH(Hydroxyl)-Gruppe; auch kann der Wasserstoff der Aminogruppe durch Alkylreste ($CH_3$, $C_2H_5$ usw.) und Arylreste (Phenyl, Tolyl oder Naphtyl) ersetzt sein, entsprechend etwa den Formeln $—NH \cdot CH_3$ oder $—N \cdot (C_2H_5)_2$ oder $—NH \cdot C_6H_5$ usw. Da nach dem oben Gesagten die auxochromen Gruppen als regelmäßige Bestandteile aller normalen Farbstoffe anzusehen sind, so folgt daraus, daß nicht sie, sondern die chromophoren Gruppen geeignet sind, als unterscheidende Kennzeichen der verschiedenen Farbstoffklassen zu dienen. Und in der Tat beruht die Einteilung der Farbstoffe vom chemischen Standpunkte im wesentlichen auf der Verschiedenheit der Chromophore und der aus ihnen, durch Verbindung mit aromatischen Kernen, sich ergebenden Chromogene, wie dies im folgenden Abschnitt gezeigt werden soll.

## 1. Nitro- und Nitrosofarbstoffe.

Die chromophore Gruppe ist die Nitrogruppe $NO_2$ und die Nitrosogruppe NO. Als Beispiele seien angeführt die Pikrinsäure, ein Trinitrophenol von der Konstitution:

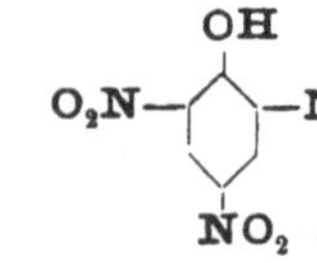

und das Nitroso-$\beta$naphtol von der Konstitution:

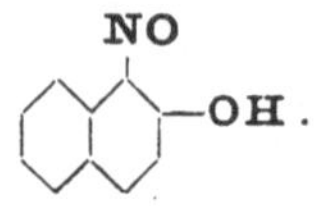

Letzteres wird meistens, entsprechend der Formel:

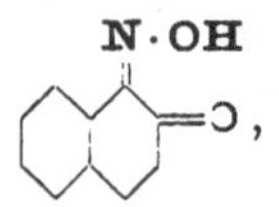

als Chinonoxim aufgefaßt, d. h. als Monooxim des $\beta$-Naphtochinons

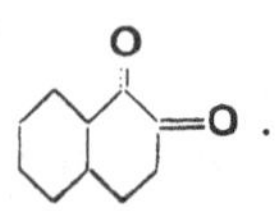

Die Pikrinsäure enthält wie die meisten anderen technisch verwendeten Nitrofarbstoffe mehr als eine Nitrogruppe, in vorliegendem Falle sogar drei. Aromatische Nitroverbindungen mit nur einer Nitrogruppe als Chromophor sind wegen ihrer geringen Farbkraft ohne technische Bedeutung.

## 2. Azofarbstoffe.

Diese außerordentlich wichtige Farbstoffklasse ist, wie oben ausführlicher auseinandergesetzt, gekennzeichnet durch die Azogruppe —N=N— oder kurzweg $—N_2—$, die aber nicht nur einmal, sondern mehrfach im Molekül des Farbstoffs enthalten sein kann, wonach man unterscheidet Mono-, Dis-, Tris-, Tetrakis-, Pentakis-, Hexakis-Azofarbstoffe usw. Der Aufbau derartiger Azofarbstoffe mit zwei oder mehr Azogruppen (letztere nennt man auch zusammenfassend Polyazofarbstoffe) kann nun in der mannigfaltigsten Weise vor sich gehen, und man hat, um die dabei entstehenden Farbstofftypen zu unterscheiden, weitere Bezeichnungen eingeführt, auf die hier nicht näher eingegangen werden kann. Es sei hier nur nochmals an die aus diazotiertem Benzidin (Tetrazodiphenyl) entstehenden sogen. primären Disazofarbstoffe erinnert, deren hervorragende Bedeutung für die Baumwollfärberei darauf beruht, daß sie ungebeizte Baumwolle, wenn auch nicht absolut waschecht, so doch in einer für viele Zwecke ausreichenden Weise anfärben. Über die

Überführung des Disazofarbstoffes aus 1 Mol. Benzidin und 2 Mol. $\gamma$-Säure in einen Tetrakisazofarbstoff siehe das Nähere auf S. 105.

### 3. Di- und Triphenylmethanfarbstoffe.

Ihren Namen haben die Triphenylmethanfarbstoffe deshalb erhalten, weil die ersten und auch heute noch wichtigsten Vertreter sich vom Triphenylmethan:

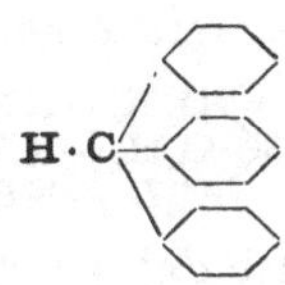

ableiten. Zu ihnen gehört, wie bereits auf S. 62 bemerkt, das Anilinrot oder Fuchsin. Als Chromophor der Triphenylmethanfarbstoffe kann man die Gruppierung von dem chinonartigen Typus $C\leqslant C_6H_4=NH$ auffassen und als Chromogen die Verbindung

$$C\left\langle\begin{matrix}C_6H_5\\ C_6H_4=NH\\ C_6H_5\end{matrix}\right. ,$$

die durch den Eintritt von einer oder von zwei auxochromen Gruppen — beim Fuchsin sind es zwei Aminogruppen in p-Stellung zum sogenannten mittleren oder Methankohlenstoff — ihren eigentlichen Farbstoffcharakter erhalten. Auch in dieser Farbstoffklasse sind die mannigfachsten Variationen möglich, je nach den aromatischen Resten, die mit dem Methankohlenstoff verknüpft sind, und je nach der Zahl und Art der auxochromen Gruppen, die in das Chromogen eintreten. So ist z. B. das Bittermandelölgrün:

$$C\left\langle\begin{matrix}C_6H_5\\ C_6H_4=N(CH_3)_2Cl\\ C_6H_4-N(CH_3)_2\end{matrix}\right.$$

ein Triphenylmethanfarbstoff mit nur einer auxochromen Gruppe in einem der nicht chinoiden Kerne, außerdem sind, wie man sieht, 4 Wasserstoffe in den Aminogruppen durch Methylgruppen ersetzt. Das Anilinblau, ein wertvoller blauer spritlöslicher Farbstoff, ist ein Triphenylmethanfarbstoff mit zwei auxochromen Gruppen in den nicht chinoiden Benzolkernen, und gleichzeitig sind 3 Wasserstoffatome (je einer in den 3 Aminogruppen) durch Phenylreste ersetzt, gemäß der Formel:

$$C\left\langle\begin{matrix}C_6H_4\cdot NH\cdot C_6H_5\\ C_6H_4=N\cdot C_6H_5\cdot HCl\\ C_6H_4\cdot NH\cdot C_6H_5\end{matrix}\right. .$$

Über die Konstitution des Fuchsins s. S. 62. Die Base des Parafuchsins existiert, ähnlich wie bei den übrigen Triphenylmethanfarbstoffen, in zwei Formen, in der chinoiden Form:

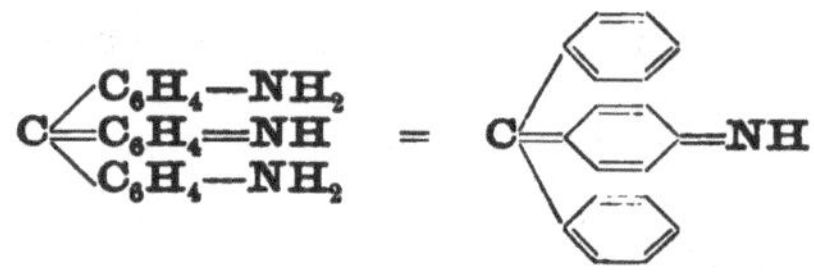

und in der um 1 Mol. Wasser reicheren sogen. Carbinolform:

$$HO\cdot C\begin{cases}C_6H_4-NH_2\\ C_6H_4-NH_2\\ C_6H_4-NH_2\end{cases}.$$

Ein Diphenylmethanderivat ist das gelbfärbende Auramin

$$H_2N-C\begin{cases}C_6H_4=N(CH_3)_2Cl\\ C_6H_4-N(CH_3)_2\end{cases},$$

dessen Konstitution auch gemäß der Formel:

$$HCl\cdot HN=C\begin{cases}C_6H_4\cdot N(CH_3)_2\\ C_6H_4\cdot N(CH_3)_2\end{cases}$$

aufgefaßt wird.

### 4. Xanthenfarbstoffe.

Die Farbstoffe dieser Klasse leiten sich ab vom Xanthen,

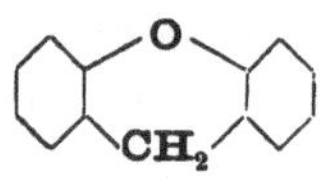,

und dem Phenylxanthen,

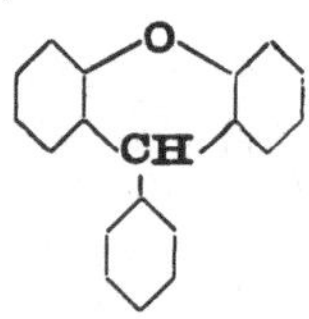,

die beide auch als Abkömmlinge des Di- bzw. Triphenylmethans,

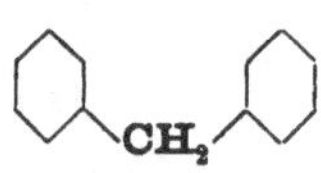 und 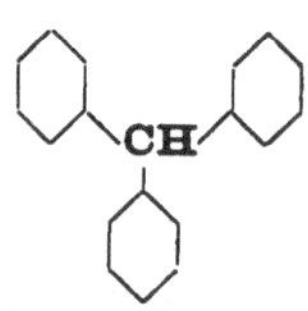,

aufgefaßt werden können. In Analogie zu den unter 3. erwähnten Farbstoffen würden z. B. Verbindungen von der Konstitution

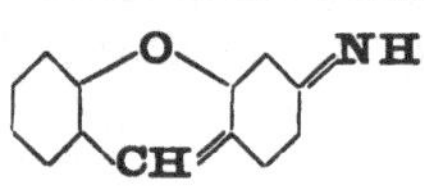 oder 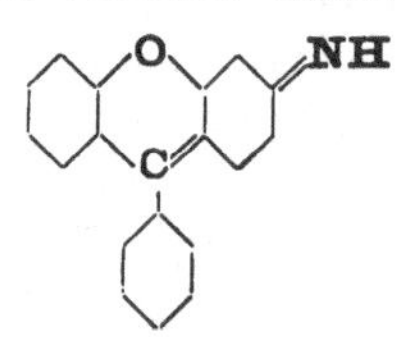

als Chromogene der Xanthenfarbstoffe aufzufassen sein, die erst durch weiteren Eintritt von auxochromen Gruppen zu wirklichen Farbstoffen werden. Die wichtigsten Farbstoffe der Xanthenreihe leiten sich ab von den um eine COOH-Gruppe reicheren Chromogenen

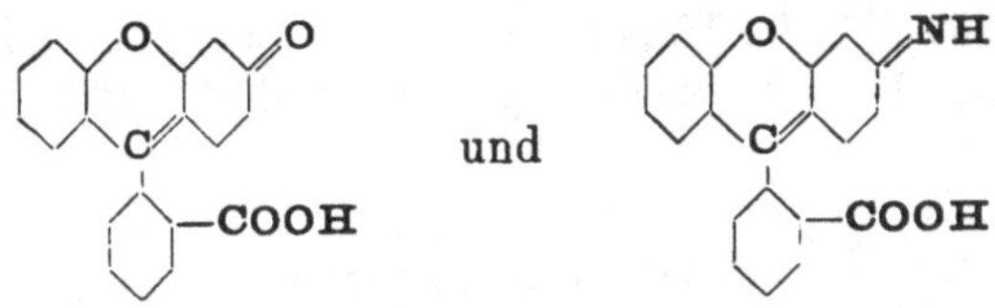

Zu ihnen gehören das Fluoresceïn,

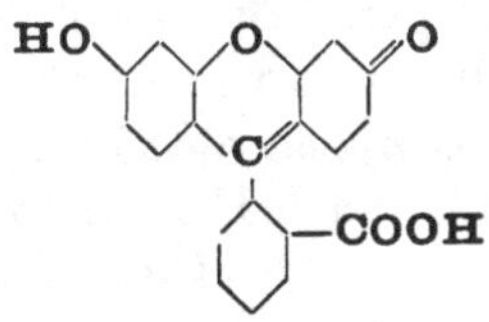

und seine chlor-, brom- und jodhaltigen Abkömmlinge Eosin, Erythrosin, Phloxin, Rose bengale usw. und die verschiedenen Rhodamine, z. B. das Rhodamin B:

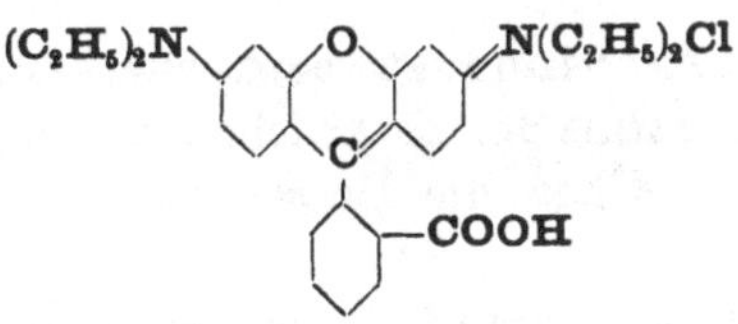

Die Formeln des Fluoresceïns und Rhodamins werden auch, mit einer kleinen Verschiebung der Bindungen, folgendermaßen geschrieben:

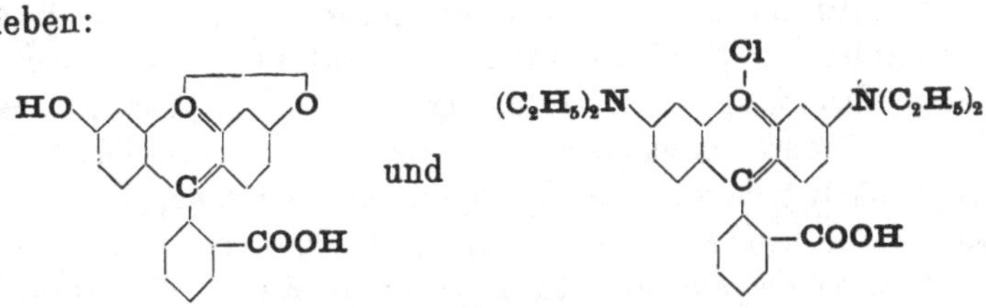

Man erhält das Fluoresceïn durch Zusammenschmelzen von Resorcin,

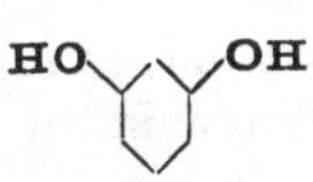, mit Phtalsäureanhydrid, $C_6H_4<\genfrac{}{}{0pt}{}{CO}{CO}>O$,

in Gegenwart eines Kondensationsmittels gemäß dem Schema:

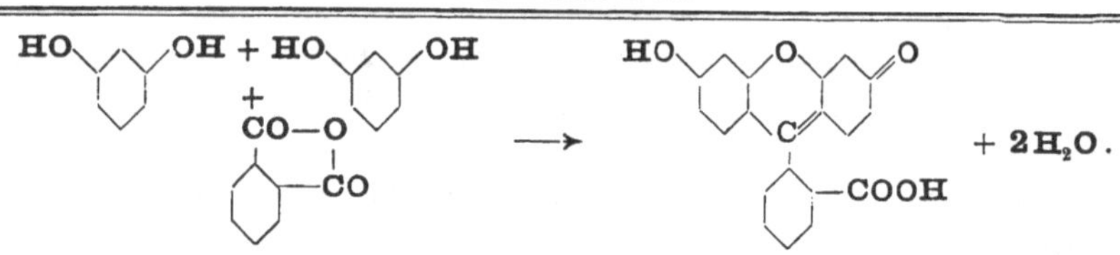

Analog gestaltet sich die Darstellung des obenerwähnten Rhodamins B aus 1 Mol. Phtalsäureanhydrid und 2 Mol. Diäthyl-m-aminophenol.

## 5. Anthracenfarbstoffe.

Das Anthracen, $C_{14}H_{10}$ (s. S. 47), ist ein farbloser, aber sehr stark fluoreszierender Körper. Die wichtigsten Farbstoffe der Anthrancenreihe leiten sich ab vom Anthrachinon, welches die beiden chromophoren CO-Gruppen enthält und daher als Chromogen aufgefaßt werden kann, das durch Eintritt von auxochromen Gruppen (OH und $NH_2$) zum Farbstoff wird. Dies gilt z. B. für das Alizarin, das entsprechend der Formel:

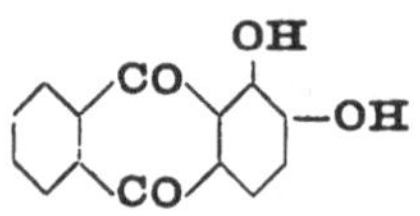

$$= C_6H_4 <\begin{matrix} CO \\ CO \end{matrix}> C_6H_2(OH)_2$$

als 1,2-Dioxyanthrachinon zu bezeichnen ist. Das Purpurin, ein Begleiter des Alizarins im natürlichen Krapp, ist ein 1,2,4-Trioxyanthrachinon. Über die Darstellung des Alizarins sei kurz folgendes bemerkt:

Unreines Anthracen wird durch Oxydation mit Bichromat in Anthrachinon übergeführt. Diese Operation wird gleichzeitig mit einem Reinigungsprozeß verbunden, so daß ein durchaus reines Anthrachinon für die nächste Phase der Fabrikation, die Darstellung der Anthrachinon-$\beta$-sulfonsäure, die mit rauchender Schwefelsäure ausgeführt wird, zur Verfügung steht. Überraschenderweise bildet sich bei der Verschmelzung dieser $\beta$-Sulfonsäure mit Alkali nicht die zunächst zu erwartende Hydroxylverbindung, das $\beta$-Oxyanthrachinon, sondern dieses geht und zwar besonders glatt bei Gegenwart eines Oxydationsmittels, wie z. B. Kaliumchlorat, $KClO_3$, in das 1,2-Dioxyanthrachinon, das Alizarin, über. Diese verhältnismäßig einfache Darstellungsweise des Alizarins läßt es erklärlich erscheinen, weshalb es der Teerfarbenindustrie ziemlich rasch und leicht gelang, den natürlichen Krappfarbstoff aus dem Felde zu schlagen. Von den vielen wirklichen Anthracenfarbstoffen leiten sich die wichtigsten vom Alizarin selbst ab, sofern es sich um Beizenfarbstoffe (s. S. 96f.) handelt. Daneben haben in den letzten 10—15 Jahren noch weitere Abkömmlinge des Anthrachinons als Wollfarbstoffe eine große technische Bedeutung erlangt, und zwar solche, die als Substituenten außer der OH-Gruppe noch die Gruppen $NH_2$, $NH \cdot C_6H_5$, $NH \cdot C_6H_4 \cdot CH_3$ oder Brom usw. enthalten und die durch den gleichzeitigen Gehalt von Sulfogruppen die nötige Wasserlöslichkeit besitzen. In neuester Zeit hat man auch Küpen- und Schwefelfarbstoffe aus Anthracenabkömmlingen dargestellt. Nicht zu verwechseln mit den wirklichen Anthracen- oder Alizarinfarbstoffen sind diejenigen Azofarbstoffe, die als Beizenfarbstoffe in den letzten 15 Jahren gleichfalls eine große technische Bedeutung erlangt haben und die man um dieser Eigenschaft willen vielfach, allerdings vom rein chemischen Standpunkt zu Unrecht, mit dem Namen Säurealizarin- oder Säureanthracenfarbstoffe usw. belegt hat.

Ein dem Alizarin analog gebauter Farbstoff, der aus 1,5-Dinitronaphtalin,

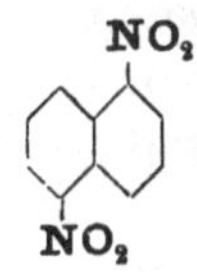


,

dargestellt wird, ist das 1,2-Dioxy-5,8-Naphtochinon,

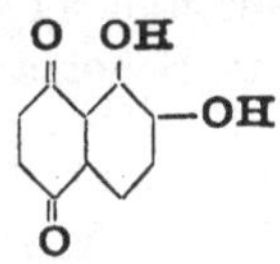


,

das unter dem Namen Alizarinschwarz als wertvoller schwarzer Beizenfarbstoff Verwendung findet.

## 6. Indamine und Indophenole.

Von großer technischer Bedeutung, und zwar weniger wegen ihrer unmittelbaren Verwendbarkeit als Farbstoffe, sondern vielmehr als Durchgangsprodukte bei der Erzeugung anderer wichtiger Farbstoffe, sind die Indamine und Indophenole, deren einfachste Vertreter den Formeln:

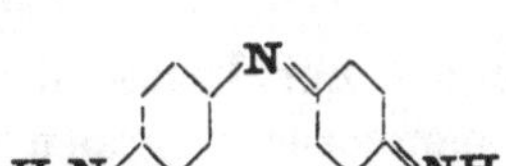


und

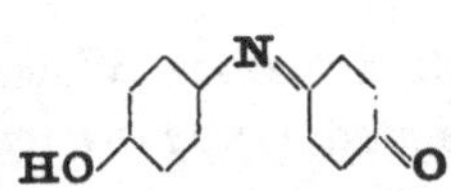


$= H_2N—C_6H_4—N=C_6H_4=NH$ und $HO \cdot C_6H_4 \cdot N=C_6H_4=O$

entsprechen. Die p-chinoiden Konfigurationen

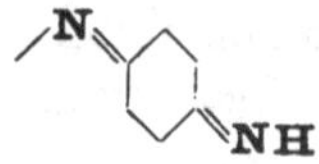 und 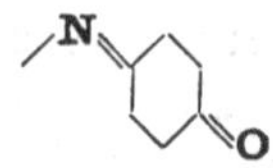

kann man als chromophore Gruppen, und die sich von ihnen ableitenden Verbindungen:

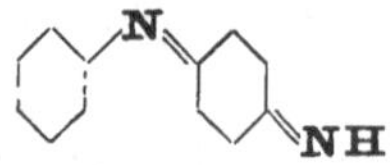 und 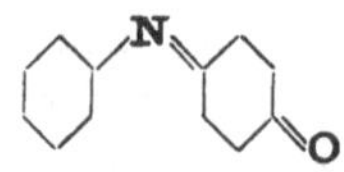

als Chromogene ansehen, aus denen durch Eintritt einer auxochromen Gruppe, $NH_2$ oder OH, die Farbstoffe selbst entstehen. Durch Reduktion der Indamine und Indophenole entstehen die Verbindungen

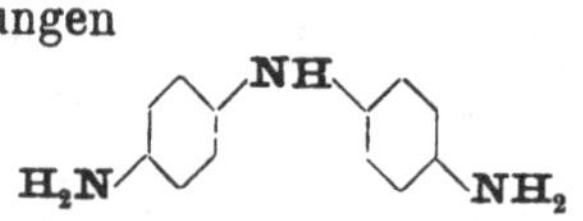 und 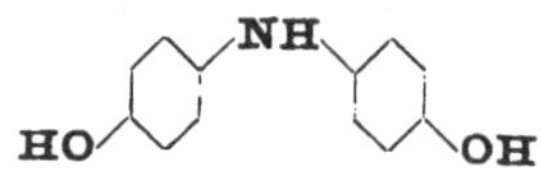,

die farblos sind und deshalb als Leukoverbindungen (vom Griechischen leucos = weiß) bezeichnet werden. Sie gehen sehr leicht, in der Regel schon durch den Sauerstoff der Luft, wieder in die Farbstoffe über, ein Verhalten, von dem man bei der Verküpung (s. S. 105ff.) Gebrauch macht. Ein Umstand, der die ausgedehntere Verwendung der Indamine und Indophenole in der Färberei verhindert, ist ihre ungeheure Empfindlichkeit gegenüber Mineralsäuren, durch die sie schon bei niedriger Temperatur eine Spaltung erleiden, z. B. entsprechend dem Schema:

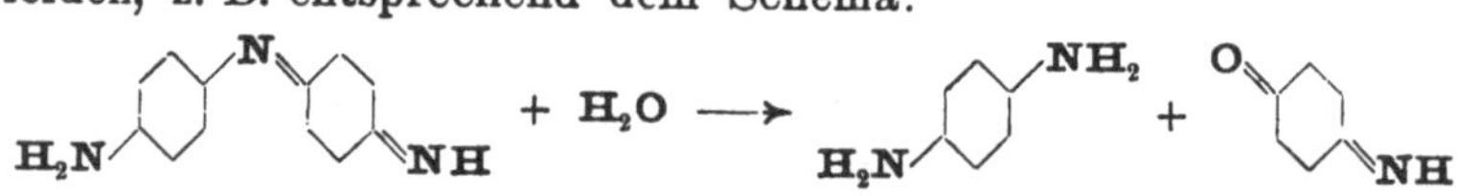

## 7. Azine, Thiazine und Oxazine.

Von den Indaminen ausgehend gelangt man zu beständigen und daher technisch wertvollen Farbstoffen, wenn man die beiden Benzolkerne noch durch ein weiteres Element, z. B. Stickstoff, Schwefel oder Sauerstoff, miteinander verbindet, also eine Ringbildung zwischen den beiden Benzolkernen eintreten läßt, entsprechend den Formeln:

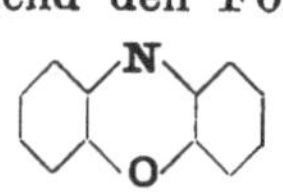 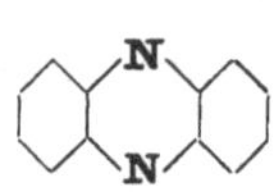 und 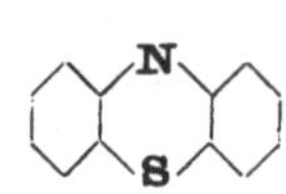.

Man erhält auf diese Weise Farbstoffe aus der Klasse der Azine, Thiazine und Oxazine mit den chromophoren Gruppen

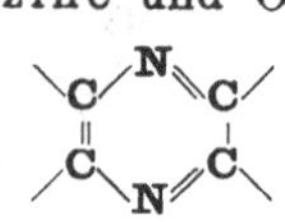 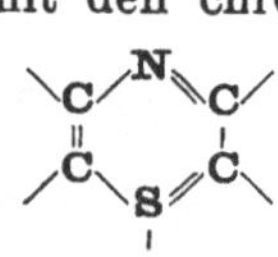 und 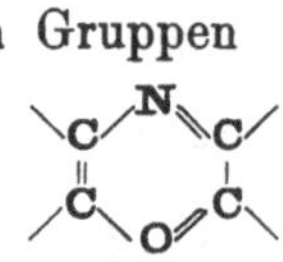,

aus denen durch „Verschmelzung" mit Benzol-, Naphtalin- usw. Kernen die entsprechenden Chromogene, z. B.:

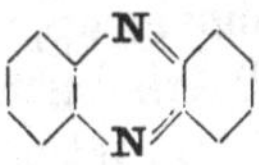

oder
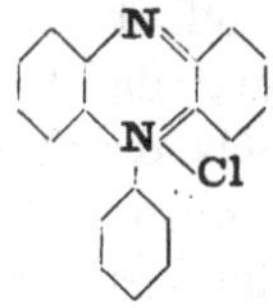

,
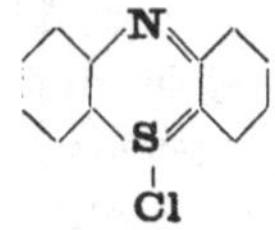

und
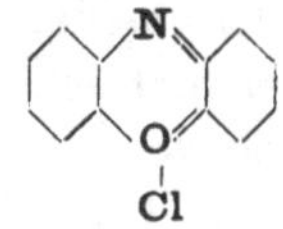


hervorgehen. Die nun noch für das Zustandekommen der eigentlichen Farbstoffe erforderlichen auxochromen Gruppen können, theoretisch betrachtet, an verschiedenen Stellen der ebengenannten Chromogene eintreten. Es macht sich aber hier eine Erscheinung geltend, die auch in anderen Farbstoffklassen zu beobachten ist, daß nämlich die technische Brauchbarkeit der Farbstoffe an ganz bestimmte Stellungen der auxochromen Gruppen gebunden ist. Als Beispiele seien hier die typischen Vertreter der drei Farbstoffklassen angeführt, und zwar solche, bei denen die Stellung der auxochromen Gruppen der Norm entspricht:

Das Safranin T genannt Azin:

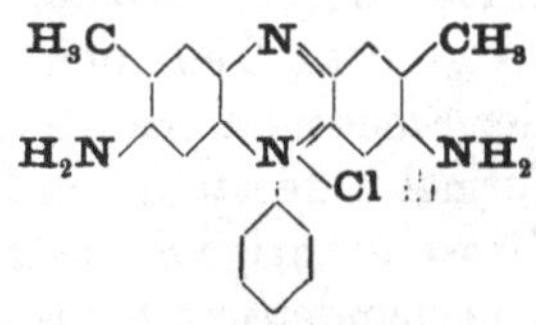

,

das Methylenblau genannte Thiazin:

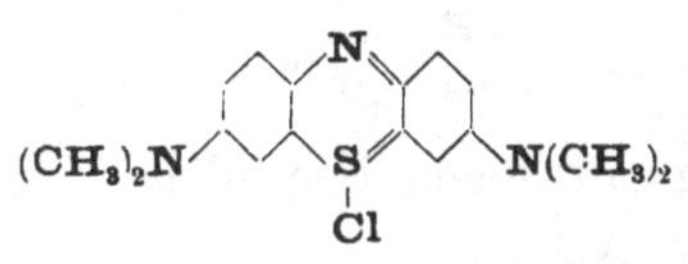


und das Meldolasblau genannte Oxazin:

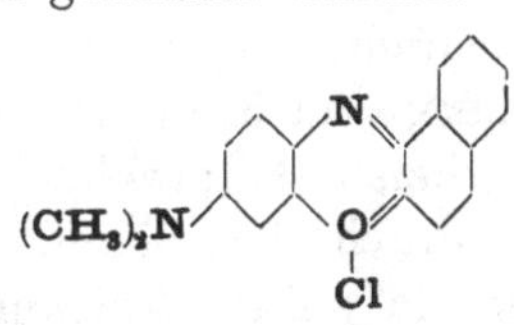

.

Letzteres enthält statt des zweiten Benzolkernes einen Naphtalinkern und nur eine auxochrome Gruppe, kann aber ziemlich leicht in einen Farbstoff mit zwei auxochromen Gruppen übergeführt werden, in dem die zweite auxochrome Gruppe an der entsprechenden Stelle wie beim Safranin und Methylenblau, d. h. im Naphtalinkern in p-Stellung zum mittleren Stickstoff sich befindet. Das auf S. 36 genannte PERKINsche Mauveïn, jener erste, durch Oxydation von (rohem) Anilin gewonnene synthetische Teerfarbstoff ist nahe verwandt mit dem Safranin T, ist aber vor allem dadurch unterschieden, daß in einer der beiden Aminogruppen 1 Wasserstoff durch die Phenylgruppe ersetzt ist. Auch weicht die Darstellung des Safranins T erheblich ab von der des PERKINschen Violetts, das durch einfache Oxydation von Toluidin-haltigem Anilin erhalten wurde. Die Darstellung der Azine hingegen erfolgt ebenso wie die der Thiazine nach einem ziemlich verwickelten Reaktionsschema, das darzulegen hier zu weit führen würde. Zu den technisch verwendeten Azinen gehören außer den wichtigen Safraninen auch die Induline und Nigrosine, die als spritlösliche Farbstoffe im Zeugdruck und zum Färben von Lacken benützt werden.

### 8. Schwefelfarbstoffe.

Von außerordentlich großer Bedeutung für die Baumwollechtfärberei ist eine große Gruppe von Farbstoffen geworden, die man unter dem Sammelnamen „Schwefelfarbstoffe“ zusammenfaßt. Über die Konstitution dieser Farbstoffe läßt sich nur wenig sagen, da für den weitaus größten Teil nicht einmal die elementare Zusammensetzung mit aller Sicherheit ermittelt und noch viel weniger daher eine Konstitutionsformel aufgestellt werden konnte. Nur einige wenige ältere, zu dieser Klasse gehörige Farbstoffe aus der Gruppe der Thiazole, die durch das Vorhandensein eines fünfgliedrigen schwefelhaltigen Ringes

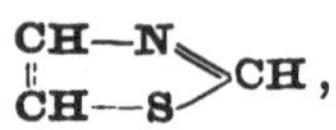

meist in Verbindung mit einem Benzolkern, z. B.

$$C_6H_4<^{N}_{S}>CH \quad = \quad \text{Benzthiazol},$$

ihre wertvollen Eigenschaften, vor allem ihre Verwandtschaft für die Baumwollfaser, erlangen, sind in ihrem Aufbau genauer erforscht. Dazu gehört z. B. das ungebeizte Baumwolle gelb färbende Primulin, das aus Primulinbase durch Sulfonieren erzeugt wird. Die Primulinbase ihrerseits steht in naher Beziehung zum Dehydrothio-p-toluidin von der Formel:

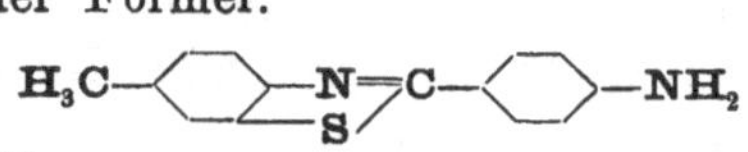

das aus p-Toluidin,

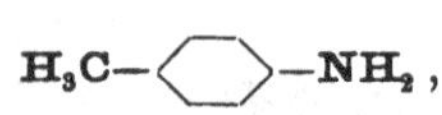

durch Einwirkung von Schwefel bei hoher Temperatur, in der sogenannten Schwefelschmelze, erhältlich ist, indem, wie man aus der Formel ersieht, 2 Mol. p-Toluidin durch 1 Atom Schwefel verknüpft werden, unter Austritt von 6 Atomen Wasserstoff, die mit 3 weiteren Atomen Schwefel in Form von $H_2S$ (Schwefelwasserstoff) entweichen. Die meisten neueren Schwefelfarbstoffe werden aus ihren Ausgangsmaterialien durch Erhitzen nicht mit Schwefel allein, sondern mit einer Mischung aus Schwefelnatrium und Schwefel (Natriumpolysulfid) dargestellt, entweder in wässeriger oder in alkoholischer Lösung, bisweilen auch unter weiterem Zusatz von Metallsalzen. Die Schmelztemperaturen bewegen sich etwa zwischen 80° und 300°. Als Ausgangsmaterialien dienen die verschiedenartigsten Substanzen, die heutzutage jedoch fast ausschließlich der aromatischen Reihe angehören, also Benzol-, Naphtalin-, Anthracenkerne usw. enthalten. Unter den hierbei in Betracht kommenden Verbindungen haben das *p-Aminophenol*:

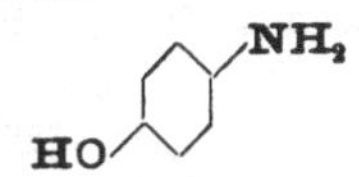


,

das *Dinitrophenol*:

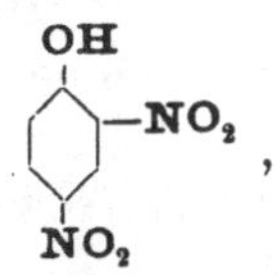


,

zahlreiche *Indamine* und *Indophenole* oder ihre *Leukoverbindungen* (s. S. 80) sowie andere Farbstoffe und deren Zwischenprodukte große Bedeutung erlangt. Die Wirkung der Schwefelung besteht einerseits darin, das gewisse dazu geeignete Ausgangsmaterialien, wie z. B. die *Indamine*, durch den Eintritt von S in *Thiazine* übergehen:

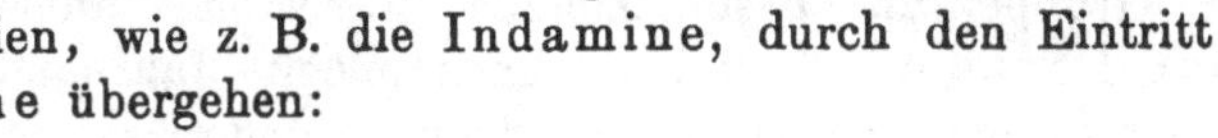


;

von ebenso großer Bedeutung aber ist der Umstand, daß durch den Eintritt von Schwefel in den aromatischen Kern *mercaptanartige* Verbindungen entstehen, die sich vom einfachsten aromatischen *Mercaptan*, dem *Thiophenol*,

$C_6H_5 \cdot SH$ gleich  —SH,

ableiten. Die aromatischen Mercaptane sind ausgezeichnet durch die Fähigkeit, sehr leicht in *Disulfide* überzugehen. Diese Eigenschaft ist von außerordentlicher Wichtigkeit für das färberische Verhalten der Schwefelfarbstoffe, da die aromatischen Mercaptane in Alkali löslich sind, die Disulfide dagegen nicht (Näheres s. S. 92).

## 9. (Pyridin-) Chinolin- und Akridinfarbstoffe.

Eine kleine Gruppe von Farbstoffen leitet sich ihrer Konstitution nach, also nicht synthetisch, ab vom Pyridin, $C_5H_5N$ (s. S. 48), d. h. genau gesprochen vom Chinolin,

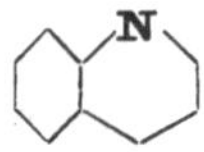


, und Akridin,

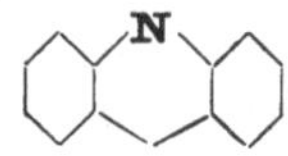


.

Diese beiden Verbindungen sind Pyridinabkömmlinge, die sich, wie man sieht, zum Pyridin verhalten wie Naphtalin und Anthracen zum Benzol. Es mag an dieser Stelle genügen, die Formel eines Akridinfarbstoffes hier wiederzugeben, aus der auch die Stellung der auxochromen Gruppen ersichtlich ist und die nahe Verwandtschaft mit den Azinen im Hinblick auf den molekularen Aufbau des Farbstoffes:

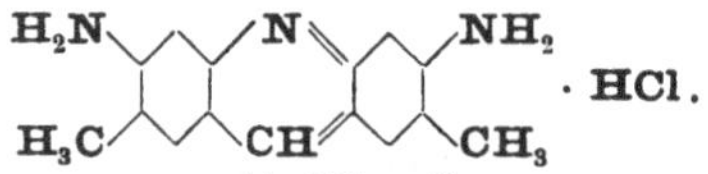


Akridingelb

## 10. Küpenfarbstoffe (Indigoide Farbstoffe).

Eine ganz überraschende Entwicklung hat in den letzten sechs Jahren eine höchst wichtige Klasse von Farbstoffen genommen, deren hervorragendsten Vertreter wir bereits an früherer Stelle (s. S. 15) kennen gelernt haben. Es ist dies der Indigo, nach dem man die in dieser Gruppe zu besprechenden Farbstoffe allgemein als „Indigoide Farbstoffe" zu bezeichnen pflegt. Jahrhunderte hindurch ist der Indigo, abgesehen von einem Bromderivat, dem echten „Tyrischen Purpur" (s. S. 9), der einzige Vertreter dieser Farbstoffklasse geblieben, ja seine Bedeutung für die Teerfarbenindustrie sowie auch für die gesamte deutsche Volkswirtschaft ist noch von Jahr zu Jahr gestiegen, seitdem es gelungen ist, den natürlichen Indigo fast gänzlich vom europäischen Markt zu verdrängen. Über diese Verhältnisse gibt die folgende Zusammenstellung einen interessanten Überblick.

Nach Mitteilungen der Badischen Anilin- u. Sodafabrik betrug die Ausfuhr von Indigo aus Deutschland:

| | | | |
|---|---|---|---|
| 1900: | 1873 t | 1901: | 2673 t |
| 1902: | 5284 t | 1903: | 7233 t |
| 1904: | 8730 t | 1905: | 11 165 t |
| 1906: | 12733 t | 1910: | 17572 t. |

Die Ausfuhr aus Britisch-Indien betrug:

1897/98: 6758 t 1905/06: 1500 t.

Die Erzeugung von Indigo in Java betrug:

1898: 12580 Kisten 1906: 2506 Kisten.

Während aber nun der Indigo nur das allgemein bekannte Blau auf der Textilfaser erzeugt und der echte Purpur der Alten ein sich im Ton nicht allzu weit entfernendes Violett darstellt, ist es in den letzten Jahren gelungen, die Skala der mit Hilfe der indigoiden Farbstoffe zu erzeugenden Färbungen erheblich zu erweitern und den beiden ältesten Vertretern eine Reihe von außerordentlich wichtigen und wertvollen neuen Farbstoffen hinzuzugesellen, mittels deren nicht nur schöne, sondern den Indigo teilweise auch an Echtheit übertreffende Färbungen von gelben, orangen, roten, blauvioletten, sowie blaugrünen Tönen erzeugt werden können. Den Anstoß zu der überaus bedeutungsvollen Entwicklung dieser Gruppe von Küpenfarbstoffen gab die schon S. 39 erwähnte Entdeckung Friedländers, der fand, daß der Ersatz der beiden NH-Gruppen im Molekül des Indigos durch 2 Atome Schwefel zu einem blaustichig roten Küpenfarbstoff von wertvollen Eigenschaften führt, der von der Firma Kalle & Co. unter dem Namen Thioindigorot in den Handel gebracht wird.

$$C_6H_4<{}^{NH}_{CO}>C{=}C<{}^{NH}_{CO}>C_6H_4 \qquad C_6H_4<{}^{S}_{CO}>C{=}C<{}^{S}_{CO}>C_6H_4.$$

Indigo Thioindigorot

Diese Erkenntnis erwies sich als außerordentlich fruchtbar und führte in der Folge zur Darstellung einer großen Zahl indigoider Farbstoffe, die sich teils vom Indigo, teils vom Thioindigorot ableiten. Ein unsymmetrisch gebautes Mitteldingzwischen Indigblau und Thioindigorot ist der Thioindigoscharlach R (Kalle & Co.) genannte Farbstoff der Konstitution

$$HN<{}^{C_6H_4}_{CO}>C{=}C<{}^{S}_{CO}>C_6H_4.$$

Über die besondere Art, wie diese indigoiden Farbstoffe sich auf der Faser befestigen lassen, wird später noch (s. S. 105ff.) das Wesentlichste gesagt werden.

### 8. Allgemeines über den Betrieb der Teerfarbenfabriken.

Es seien an dieser Stelle, um die Betrachtungen über die Herstellung der Farbstoffe abzuschließen, zunächst einige allgemeine Bemerkungen eingeschaltet über den Betrieb der Teerfarbenfabriken, insbesondere auch über die Art und Weise, wie neue Farbstoffe aufgefunden und auf ihre Brauchbarkeit für die Zwecke der Färberei untersucht werden. Der Weg von der Entdeckung eines neuen Farbstoffes bis zu seiner technischen Verwendung ist in der Regel ein viel weiterer, schwierigerer und mühsamerer als die Fernerstehenden denken. Bei der großen Mannigfaltigkeit auf dem Gebiete der Teerfarbenchemie und in Anbetracht der Möglichkeit, nach bekannten Methoden eine unabsehbare Reihe von neuen Verbindungen darzustellen, ist natürlich nichts leichter, als einen neuen Farbstoff zu erfinden. Es fragt sich nur, welche Bedeutung hat dieser neue Farbstoff gegenüber den schon bekannten? Wie verhält er sich ihnen gegenüber hinsichtlich seines Herstellungspreises, und welches sind seine färberischen Eigenschaften? Diese beiden Punkte, Preis und färberische Eigenschaften, sind es, die einen großen Aufwand von Mühe und Arbeit bedingen, wenn die Frage nach der technischen Bedeutung des neuen Farbstoffs in sachgemäßer Weise entschieden werden soll. Es bedarf zunächst, wie bei allen neuen, auf ihre technische Brauchbarkeit zu prüfenden Verfahren, einer sorgfältigen Bearbeitung des Farbstoffs im Laboratorium, um ein zuverlässiges Bild von dem Gang der Fabrikation, sowie von den als Ausgangs- und als Hilfsstoffe in Betracht kommenden Materialien zu gewinnen. Gleichzeitig mit dieser vorbereitenden Laboratoriumstätigkeit erfolgt die färberische Prüfung des neuen Farbstoffs, d. h. die Feststellung der Stärke (Farbkraft) und Reinheit, der Löslichkeit in Wasser und das Verhalten beim Färben; vor allem aber ist wichtig die Feststellung der Echtheitseigenschaften (s. S. 122ff.). Auf Grund dieser sehr eingehenden Prüfung wird man Klarheit gewinnen über die Verwendbarkeit des Farbstoffes, man wird eine Entscheidung treffen können, für welche besonderen färberischen Zwecke der Farbstoff in Betracht zu ziehen ist, und welche Vorteile er vor andern bisher benutzten Farbstoffen bietet. Fällt die färberische Prüfung zugunsten des neuen Produktes aus, so entsteht die wichtige Frage nach dem Herstellungspreis, für deren Beantwortung inzwischen die laboratoriumsmäßige Ausarbeitung die vorläufigen Grundlagen geschaffen haben muß. Befriedigen die Ergebnisse auch nach dieser Richtung, so kann jetzt erst daran gedacht werden, an die Herstellung des Farbstoffs im größeren Maßstab heranzutreten, um ihn den Färbereien zugänglich zu machen und um aus den Erfahrungen, die die Praxis mit dem neuen Produkt macht, einen zuverlässigen Rückschluß auf seine technische Brauchbarkeit ziehen zu können.

Was hier mit wenigen Worten nur angedeutet worden ist, das bedeutet in Wirklichkeit ein wochen- und unter Umständen monatelanges Zusammenarbeiten chemischer und färberischer Kräfte, und selbst die gewissenhafteste Tätigkeit auf beiden Seiten vermag nicht in allen Fällen den gehofften Erfolg zu verbürgen; denn auch hier gilt, wie auch sonst im Leben, der Spruch: „Viele sind berufen, aber wenige sind auserwählt."

Nur wenige sind es, trotz ihrer verwirrenden Fülle, denen das Schicksal zu einem kräftigen Dasein verhilft, wenige im Vergleich zu den Tausenden von Farbstoffen, über die nach langer und mühsamer Arbeit das Urteil lauten muß: „Gewogen und zu leicht gefunden." Schon der Umstand, daß von den vielen, vielen Patenten für Erfindungen auf dem Gebiete der Teerfarbstoffe, die jahraus jahrein angemeldet werden, nur etwa 2 bis 3 % ein natürliches Ende nehmen, d. h. erst nach Ablauf der Schutzfrist von 15 Jahren seit dem Tag der Anmeldung erlöschen, beweist, wie leicht es ist, einen neuen, aber wie schwierig, einen technisch wirklich brauchbaren Farbstoff zu finden. Es würde zu weit führen, hier auf die eigenartigen und interessanten Verhältnisse näher einzugehen, wie sie seit dem Jahre 1877 durch das Bestehen eines deutschen Patentgesetzes bedingt sind.

### 9. Einteilung der Farbstoffe auf Grund ihrer technischen Verwendung.

Nachdem in einem der vorhergehenden Abschnitte die wichtigsten Farbstoffklassen besprochen worden sind, wobei als grundlegend für die Einteilung die chemische Konstitution und im Zusammenhang damit naturgemäß auch die technische Darstellung in Betracht gezogen wurde, erscheint es nunmehr zweckmäßig, vom Standpunkt des Färbers zu prüfen, wie sich die Fülle der Farbstoffe in übersichtlicher Weise ordnen läßt, wobei dann selbstverständlich nicht die Art der Darstellung, sondern vielmehr die Verwendung der Farbstoffe in der Färberei, im Zeugdruck usw. allein ausschlaggebend ist.

Eine Einteilung drängt sich hierbei von selbst auf, und zwar eine solche, die allein Rücksicht nimmt auf das Material, das gefärbt werden soll. Danach würde man einteilen in Farbstoffe für Wolle, für Seide, für Leder, für Baumwolle, für Leinen, Jute, Ramie, Papier, Stroh, Holz, Kunstseide, für Tapeten, für Lacke, für Fette usw. Eine solche Einteilung würde insofern von Interesse sein, weil sie zeigen würde, daß fast in jeder der eben genannten Untergruppen in der Regel alle die, in einem der vorhergehenden Abschnitte genannten Farbstoffklassen wiederkehren. Wenn es sich z. B. um die Untergruppe „Farbstoffe für Wolle" handelt, so würden wir in ihr verzeichnet finden: Nitro- und Nitrosofarbstoffe, Azofarbstoffe, Triphenylmethanfarbstoffe, Xanthenfarbstoffe, Anthracenfarbstoffe, Azine und Thiazine (Oxazine sind von geringer Bedeutung für Wolle, ebenso Akridin- und Schwefelfarbstoffe) und schließlich auch, als besonders wichtige Klasse, die indigoiden Farbstoffe. Ähnlich verhält es sich mit den Untergruppen „Farbstoffe für Baumwolle", „Farbstoffe für Seide" usw. So naheliegend und naturgemäß daher auch diese Einteilung nach den zu färbenden Materialien erscheint, so wären doch die einzelnen Untergruppen zu wenig voneinander durch besondere Kennzeichen unterschieden. Man wird daher den großen, bei ihrer färberischen Verwendung zutage tretenden Unterschied zwischen den einzelnen Farbstoffen, selbst zwischen solchen, die derselben Farbstoffklasse angehören, erst dann deutlich hervortreten sehen, wenn man die Methoden betrachtet, deren sich die Textilindustrie beim Färben der verschiedenen Gespinste, Gewebe oder der losen Materialien bedient. Davon wird nun im nächsten Abschnitte die Rede sein.

## 10. Die wichtigsten technischen Methoden zum Färben der Spinnfasern und verwandter Stoffe.

Das Färben der Spinnfasern bezweckt nicht nur, wie z. B. das Färben von Flüssigkeiten (Wasser, Öle, Lacke, Fette, Seifen usw.), den Spinnfasern eine von der natürlichen Farbe abweichende Färbung zu verleihen, sondern darüber hinaus ist man bestrebt, eine so feste Vereinigung des Farbstoffes mit der Faser herbeizuführen, daß diese auch dann, wenn sie z. B. mit Wasser in Berührung kommt, oder sonst welchen Einflüssen ausgesetzt wird, die mit der weiteren Verarbeitung in der Textilindustrie oder mit dem bestimmungsgemäßen Gebrauch im Zusammenhang stehen, unverändert bleibt. Diesem Erfordernis muß der Färber in weitestgehendem Maße Rechnung tragen, wenn er echte Färbungen erzielen will. Dieser Umstand aber ist es auch, der die große Mannigfaltigkeit der Färbemethoden bedingt. Ein großer Teil der Kunst zu färben, besteht darin, für jeden besondern Zweck, dem das gefärbte Material dienen soll, den geeigneten Farbstoff herauszufinden und für dessen Befestigung auf dem zu färbenden Material das richtige Verfahren anzuwenden. Diese Aufgabe ist in manchen Fällen leicht, in vielen anderen aber auch außerordentlich schwierig und setzt eine genaue Kenntnis von dem Verhalten der Farbstoffe gegenüber den verschiedenen Textilfasern voraus.

Worauf hier vor allem hingewiesen werden muß, das ist der große Unterschied zwischen denjenigen Gespinstfasern, die dem Tierreich und solchen, die dem Pflanzenreich entstammen. Der erstgenannten Gruppe gehören an die Schafwolle, das Ziegen- und Kamelhaar, Leder, Federn, Pelze und als kostbarster Stoff von allen die Seide. Von den dem Pflanzenreich entstammenden Stoffen sind die wichtigsten Baumwolle, Leinwand, Jute, Ramie, Stroh, Holz, Papier und die verschiedenen Arten der Kunstseide, von denen die stickstoffhaltigen (aus Nitrocellulose erhältlichen) in einigen Beziehungen ein den tierischen Stoffen analoges Verhalten beim Färben aufweisen. Für die Eigenschaften der tierischen Gespinstfasern, insbesondere für ihr Verhalten gegenüber den Teerfarbstoffen, ist ihr Gehalt an Eiweißkörpern bestimmend, während die pflanzlichen Stoffe durch ihren Gehalt an Cellulose gekennzeichnet sind, wobei allerdings nicht außer acht gelassen werden darf, daß außer der Cellulose eine Reihe von Begleitstoffen, die für jede Pflanzenart verschieden sind, sich in der Pflanzenzelle vorfinden, die den Färbeprozeß unter Umständen erheblich zu beeinflussen vermögen. Es ist daher verständlich, wenn das färberische Verhalten der verschiedenen Pflanzenfasern bisweilen ein sehr unterschiedliches ist, zumal unter den Begleitstoffen der Cellulose sicherlich auch die Eiweißstoffe, durch die die Lebensprozesse in den Pflanzenzellen bestimmt werden, eine nicht unwichtige Rolle spielen werden. Unter den verschiedenen cellulose-haltigen Materialien dürfte wohl Baumwolle die reinste sein, während z. B. Holz und Stroh eine stark mit Lignin und anderen inkrustierenden Substanzen durchsetzte Cellulose aufweisen.

Um eine Übersicht über die zahlreichen Methoden des Färbens zu erlangen, empfiehlt es sich, sie in drei größere Gruppen einzuteilen: 1. Methoden der direkten Färbung; 2. Methoden der Beizenfärbung; 3. Methoden der Entwicklung von Farbstoffen auf der Faser.

Die einfachsten Methoden sind die Methoden der direkten Färbung, und zwar finden dieselben sowohl auf tierische als auch auf pflanzliche Fasern Anwendung. Das Färben gestaltet sich in der Regel so, daß der Farbstoff in einem Lösungsmittel, meist Wasser, gelöst wird, worauf man das zu färbende Material in diese Farbstofflösung, Flotte genannt, eintaucht. Die Temperatur kann innerhalb weiter Grenzen schwanken: Wolle verlangt in der Regel höhere Temperaturen (bis zu 100° C.), während Baumwolle vielfach schon bei erheblich niedrigeren Temperaturen das Maximum an Farbstoff aufnimmt. Über die physikalisch-chemischen Vorgänge, die sich beim direkten Färben abspielen, sind zahlreiche Versuche ausgeführt und verschiedene Theorien aufgestellt worden, ohne daß es bis jetzt gelungen wäre, alle Erscheinungen in durchaus befriedigender Weise zu erklären. Es unterliegt aber kaum einem Zweifel, daß es sich beim direkten Färben um eigenartige Gleichgewichtszustände handelt, die durch die üblichen Zusätze von Säuren, Salzen, Seife usw., die dem Farbbade zugefügt zu werden pflegen, in sehr wesentlicher Weise beeinflußt werden, was sich insbesondere in der Art, wie sich der Farbstoff zwischen Flotte und Faser verteilt, offenbart. Während Wolle unter normalen Verhältnissen fast die gesamte Menge des Farbstoffs aufnimmt, so daß die Flotte nahezu farblos erscheint, oder, wie man zu sagen pflegt, erschöpft wird, ist dies beim direkten Färben der Pflanzenfasern keineswegs immer der Fall. Auch ist die Fähigkeit, Baumwolle direkt zu färben, auf ganz bestimmte Farbstoffgruppen beschränkt, und zwar sind es vor allem die auf S. 82f. erwähnten Schwefelfarbstoffe und die sich vom Benzidin, $H_2N \cdot C_6H_4 \cdot C_6H_4 \cdot NH_2$, und p-Phenylendiamin, $H_2N \cdot C_6H_4 \cdot NH_2$, ableitenden Disazofarbstoffe, während z. B. die einfachen Monoazofarbstoffe, wie sie aus diazotierten Naphtylaminsulfonsäuren durch Kupplung mit Naphtolsulfonsäuren entstehen, von der Formel

$$NaO_3S \cdot C_{10}H_6{-}N{=}N{-}C_{10}H_5{<}{}^{OH}_{SO_3Na},$$

die auf Wolle sehr gut aufziehen, für das Färben von Baumwolle vollkommen unbrauchbar sind, weil sie in der Regel keinerlei Verwandtschaft für die Pflanzenfaser aufweisen. Aber auch die Schwefelfarbstoffe und die direkt ziehenden Baumwollfarbstoffe, die sich vom Benzidin ableiten, haben wie gesagt nur in seltenen Fällen eine solche Verwandtschaft zur Pflanzenfaser, daß sie von dieser vollkommen aus ihrer wässerigen Lösung aufgenommen werden, selbst wenn man durch Zugabe geeigneter Hilfsstoffe das Gleichgewicht möglichst zugunsten einer weitgehenden Erschöpfung der Bäder zu beeinflussen versucht. Was diese Zusätze zur Farbflotte anlangt, so müssen sie nicht nur dem einen, eben erwähnten Zweck einer möglichst weitgehenden Erschöpfung der Bäder Rechnung tragen, sondern auch den Eigenschaften der jeweils zu färbenden Materialien. Hier ist zu bemerken, daß die tierischen Fasern vor allem außerordentlich empfindlich gegen alkalisch wirkende Mittel sind, die pflanzlichen Materialien umgekehrt gegen Säuren. Man darf daher niemals Wolle in ein heißes alkalisches Bad und umgekehrt pflanzliches Material nicht in ein heißes mineralsaures Bad bringen, während Essigsäure, Milchsäure, Ameisensäure, Zitronensäure usw. für beide Faserarten unschädlich sind. Die Zusätze zu den Farbbädern, die den oben erwähnten Zweck haben, das Gleichgewicht zugunsten einer möglichst vollkommenen Aufnahme des Farbstoffs durch die Faser zu beeinflussen, müssen sich daher in jedem einzelnen Falle nach der Art des Farbstoffes und des zu färbenden Materials richten. Wolle wird bei direkter Färbung mit den sogen. Säurefarbstoffen in der Regel aus saurem Bade gefärbt, wobei man annimmt, daß die Säure dazu dient, das Alkali der Farbstoffsulfonsäure zu binden (vgl. den vorhin erwähnten Farbstoff aus diazotierter Naphtylaminsulfonsäure und Naphtolsulfonsäure), damit die freie Farbstoffsulfonsäure sich mit der Wolle chemisch verbinden kann. Danach würde der Färbeprozeß etwa nach folgendem Schema vor sich gehen: Wolle + (Farbstoff-Salz + Säure) —> (Wolle + Farbstoff-Säure) + Salz. Man darf aber wohl annehmen, daß die Säure über diesen Zweck hinaus noch eine weitere Aufgabe zu erfüllen hat, insofern als sie die Wolle erst in einen zur Aufnahme der Farbstoffsäure geeigneten Zustand versetzt, eine Erscheinung, wie sie bei kolloidalen Substanzen in zahlreichen Fällen zu beobachten ist.

Aber nicht nur mit sauren Farbstoffen, sondern auch mit den sogen. basischen Farbstoffen, wie z. B. mit dem mehrerwähnten Anilinrot oder Fuchsin, läßt sich die Wolle direkt färben. Bei diesen Farbstoffen, die das Salz einer Farbbase darstellen, liegen aber hinsichtlich der Zusätze ganz andere Verhältnisse vor, wie bei den sauren Farbstoffen. Hier spielt der Färbevorgang sich nach dem Schema ab: Wolle + (Farbstoffbase + Säure) —> (Wolle + Farbstoffbase) + Säure. Ein Zusatz von Säure würde hier, wie man sieht, das Gleichgewicht zu ungunsten der Färbung verschieben, da die Säure das Bestreben hat, die Verbindung von Wolle und Farbbase zu lösen, um die Base an sich zu reißen. Hier würden eher schwach alkalische Mittel, wie Acetat, von Nutzen sein können; doch ist deren Anwendung nur mit Vorsicht auszuführen, um eine Ausfällung der Farbbase zu verhüten. Aus diesem Grunde muß z. B. stark kalkhaltiges Wasser vor der Verwendung zum Färben mit basischen Farbstoffen mit Essigsäure verbessert werden, um zu verhindern, daß durch den Kalk eine Zersetzung des Farbstoffs stattfindet. Die Färbungen der Wolle mit basischen Farbstoffen sind in der Regel durch einen schönen, reinen und lebhaften Ton ausgezeichnet. Jedoch sind sie leider weder lichtecht, noch sonderlich waschecht, da die Farbbasen nicht nur an sich gegen alkalisch reagierende Mittel empfindlich sind, insofern als sie in die farblosen isomeren Carbinolverbindungen (s. S. 76) übergehen, sondern auch nicht sonderlich fest mit der Wolle, die hierbei die Rolle einer schwachen Säure spielt, verbunden sind. Die basischen sind ebensowenig wie die sauren Farbstoffe zum direkten Färben der Baumwolle und der übrigen Pflanzenfasern geeignet, falls es sich um wirklich echte Färbungen handelt.

Das Färben der Pflanzenfaser mit Schwefelfarbstoffen und den direkten oder „substantiven" Farbstoffen der Benzidin- und p-Phenylendiaminreihe erfolgt fast ausschließlich in alkalischem Bade. Die Schwefelfarbstoffe erhalten einen Zusatz von Schwefelnatrium, falls nicht schon der Farbstoff selbst, von seiner Darstellung her, einen Überschuß von Schwefelnatrium aufweist. Hierbei dient das Schwefelnatrium nicht nur wie die Soda bei den Baumwollfarbstoffen dazu, die Cellulose in einen für die Farbstoffaufnahme geeigneten Zustand zu versetzen, sondern es dient weiterhin gleichzeitig als Reduktions- und Lösungsmittel gemäß den Ausführungen auf S. 83, wonach die Schwefelfarbstoffe aus dem Zustand der unlöslichen Disulfide R·S=S·R in die Mercaptane R·SH bzw. deren Natronsalze R·S·Na übergeführt werden. Nachdem die Faser sich mit diesem löslichen Reduktionsprodukt, das man auch als Leukofarbstoff ansehen kann, durchtränkt und einen Teil davon adsorbiert hat, findet bei der Herausnahme der durchtränkten Faser aus dem Bade und der nachfolgenden Berührung mit der Luft eine Umkehrung der vorherigen Reaktion, d. h. ein Oxydationsvorgang statt, der mit einer Rückbildung des unlöslichen Disulfides verbunden ist, entsprechend dem Schema:

$$R \cdot SNa + O + Na \cdot SR + H_2O \longrightarrow R \cdot S{-}S \cdot R + 2NaOH.$$

Es findet also bei näherer Betrachtung beim Färben mit Schwefelfarbstoffen eine Entwicklung des Farbstoffs auf der Faser statt, und insofern wäre es vom theoretischen Standpunkt richtiger, das Färben mit Schwefelfarbstoffen nicht bei der Schilderung der Methoden der direkten Färbungen zu erwähnen, sondern erst bei den Methoden der Entwicklung von Farbstoffen auf der Faser; auf der andern Seite aber weist das Färben mit Schwefelfarbstoffen äußerlich und vom Standpunkt des Färbers betrachtet, so weitgehende Ähnlichkeit mit dem direkten Färben der Benzidinfarbstoffe auf, daß es gerechtfertigt erscheint, das Färben mit Schwefelfarbstoffen an dieser Stelle anzuführen.

So groß auch die Vorteile sind, die das direkte Färben auf tierischen und pflanzlichen Fasern wegen der Einfachheit der Ausführung mit sich bringt, so stehen ihnen doch auf der andern Seite auch gewisse Nachteile gegenüber, die sich aus der Natur der chemischen und physikalischen Vorgänge erklären, von denen die Befestigung von Farbstoffen auf der Faser begleitet wird. Wie schon oben angedeutet wurde, spielen beim direkten Färben gewisse Gleichgewichtsverhältnisse eine sehr große Rolle, die insbesondere die Verteilung des Farbstoffs zwischen seiner wässerigen

Lösung und der Faser betreffen, und dieser Umstand macht es erklärlich, daß gewisse Störungen des Gleichgewichts in deutlich wahrnehmbarer Weise ihre Wirkungen auf die Echtheit der Färbungen äußern. Es liegt auf der Hand, daß wenn zur Aufrechterhaltung des beim Färben erstrebten Gleichgewichts — wobei möglichst viel Farbstoff auf die Faser gehen soll — gewisse Zusätze zum Farbbad erforderlich sind, und zwar Säuren beim direkten Färben auf Wolle, neutrale Salze und alkalische Mittel beim direkten Färben auf Baumwolle, es schon eine erhebliche Störung des Gleichgewichts bedeutet, wenn solche Färbungen mit reinem Wasser in Berührung kommen. Und in der Tat hat die Erfahrung in einer großen Zahl von Fällen gezeigt, daß gegen die Wirkungen des heißen oder kalten Wassers echte Färbungen nur in seltenen Fällen mittels direkt ziehender Farbstoffe erhalten werden können. Es tritt beim Eintauchen der gefärbten Wollfaser in heißes Wasser, besonders aber wenn dieses noch schwach alkalische Mittel, wie z. B. Seife, enthält, das sogenannte „Bluten" ein, d. h. ein Teil des Farbstoffes löst sich von der Faser ab und färbt das Bad, bis wieder ein gewisser Gleichgewichtszustand erreicht ist, der den jeweiligen veränderten Bedingungen entspricht. Da, wie oben erwähnt, beim Färben der Baumwolle mit substantiven Farbstoffen das Bad selbst unter den günstigsten, praktisch einzuhaltenden Bedingungen nur in den seltensten Fällen vollkommen erschöpft wird, wobei übrigens die im Bade enthaltenen Salze eine wichtige Rolle spielen, so ist es begreiflich, daß beim Zusammenbringen der gefärbten Baumwollfaser mit frischem Wasser so viel Farbstoff in Lösung gehen muß, als dem durch bestimmte quantitative Verhältnisse gekennzeichneten Verteilungsgleichgewicht entspricht. Diese Erscheinung führt aber zu sehr unerwünschten Folgerungen, wenn derartig gefärbte Baumwolle mit gefärbter Tier- oder Pflanzenfaser in Berührung kommt, wie dies praktisch bekanntlich bei halbwollenen und halbseidenen Geweben sowie bei bunten Geweben häufig der Fall ist. Unter diesen Umständen wird der eben geschilderte Vorgang des „Blutens" gleichzeitig mit einer Art Umkehrung des Färbevorganges verbunden sein: die weiße, bisher ungefärbte Faser, z. B. Baumwolle, wird aus dem Bade einen gewissen Teil des beim Bluten der gefärbten Faser in Lösung gegangenen Farbstoffes aufnehmen. Dadurch wird die Menge des in der Flotte enthaltenen Farbstoffes vermindert. Dieser Vorgang bedeutet seinerseits wieder eine Störung des früheren Gleichgewichts zwischen der ursprünglich getärbten Faser und der wässerigen Farbstofflösung. Es wird, um dieses Gleichgewicht wieder herzustellen, ein weiterer Teil des auf der gefärbten Faser befindlichen Farbstoffes in Lösung gehen, dieser wird wieder von der vorher ungefärbten Faser aufgenommen werden, und so setzt sich diese durch das Bad vermittelte Abwanderung des ursprünglich auf der gefärbten Faser befindlichen Farbstoffes auf die in das Bad gebrachte ungefärbte Faser so lange fort, bis zwischen den beiden Arten von Fasern das durch ihre Verwandtschaft (Affinität) zu dem betreffenden Farbstoff bestimmte Gleichgewicht hergestellt ist. Sind die beiden Fasern von gleicher Beschaffenheit, handelt es sich also z. B. bei beiden Fasern, der ursprünglich gefärbten und der ungefärbten, um Baumwolle derselben Herkunft, die den gleichen chemischen und mechanischen Prozessen unterworfen wurde, so wird unter Umständen das Gleichgewicht erst dann erreicht sein, wenn von der ursprünglich gefärbten Baumwolle so viel Farbstoff ins Bad und von dort auf die ursprünglich ungefärbte Faser gegangen ist, bis beide Fasern gleich stark gefärbt sind. Wieviel Farbstoff außerdem im Bad selbst verbleibt, das hängt ab von der Menge der im Bad befindlichen Zusätze, von der Temperatur und der Menge des Wassers. Wird die gefärbte Baumwollfaser mit weißer Wolle in dasselbe Bad gebracht, so können sich die Mengenverhältnisse des nach Erreichung des Gleichgewichtszustandes auf beiden Faserarten befindlichen Farbstoffes sehr verschieden gestalten. Nur in seltenen Fällen wird sich der Farbstoff zu g l e i c h e n Teilen auf beide Fasern verteilen, weil dies die gleiche Verwandtschaft des Farbstoffs für die tierische und pflanzliche Faser voraussetzt. Auf welcher Faser sich nach Erreichung des Gleichgewichtszustandes der größte Teil des Farbstoffes befindet, hängt in hohem Maße von den schon oben genannten Faktoren ab: Temperatur des Bades, Art der Zusätze und von ihrer Konzentration. Es ist z. B. unter bestimmten Bedingungen sehr leicht möglich, daß der Farbstoff von der Pflanzenfaser nahezu vollkommen auf die tierische Faser wandert, aber auch umgekehrt kann es eintreten, daß z. B. bei passend gewählter Temperatur und wenn man dem Bad die erforderliche alkalische Reaktion erteilt, der Farbstoff von der Wolle abgelöst und von der Baumwolle aufgenommen wird. Übrigens beruht eine sehr geschätzte Eigenschaft gewisser Farbstoffe, nämlich ihr E g a l i s i e r u n g s v e r m ö g e n, d. h. die Fähigkeit, die Fasern eines Gewebes in allen ihren Teilen durchaus g l e i c h m ä ß i g zu färben, zum großen Teil wahrscheinlich auf denselben soeben geschilderten Vorgängen, die sich als ein sehr empfindlicher M a n g e l an Wasser- und Waschechtheit bei den direkt färbenden Farbstoffen bemerkbar machen können. Nur diejenigen Farbstoffe sind imstande vollkommen gleichmäßig zu färben, bei denen sich vorübergehende

Ungleichheiten in der Stärke des Tones, wie sie beim Färben sehr leicht eintreten können, wieder ausgleichen, indem der Farbstoff von den stärker gefärbten Teilen des Gewebes wieder ins Bad und von dort nach den weniger stark gefärbten Stellen wandert. Ein solcher Vorgang, der besonders für die Wollfärberei von Bedeutung ist, setzt voraus, daß die Faser, also z. B. die Wolle, das Bad nicht vollkommen erschöpft, sondern gewisse, wenn auch nur sehr geringe Anteile des Farbstoffs in ihm beläßt, die den Ausgleich der ungleichmäßig gefärbten Stellen ermöglichen, indem sie zu den Stellen schwächerer Färbung abwandern, während die Stellen starker Färbungen sodann von ihrem Überschuß ins Bad entsenden, bis der Gleichgewichtszustand erreicht ist.

Die großen Nachteile, die mit einer mangelhaften Befestigung der Farbstoffe auf der Faser verknüpft sind, und deren Ursachen soeben in Kürze geschildert wurden, hat schon in den ältesten Zeiten dazu geführt, statt der Methoden der direkten Färbung umständlichere, aber dafür auch echtere und wertvollere Erzeugnisse liefernde Methoden anzuwenden. Unter diesen Methoden sind die Beizenfärbungen von hervorragender Bedeutung. Die Formen, die diese Art zu färben im Lauf der Zeit angenommen hat, sind sehr mannigfaltig; doch beruhen sie alle auf der Fähigkeit der zur Erzeugung von Beizenfärbungen geeigneten Farbstoffe, je nach ihrer Natur, mit Metallsalzen, d. h. mit den ihnen zugrunde liegenden Metalloxyden, oder aber mit gewissen organischen Säuren unlösliche chemische Verbindungen zu erzeugen, die gegen die Angriffe der bei der weiteren Verarbeitung oder bestimmungsgemäßen Verwendung der gefärbten Faser in Betracht kommenden Reagenzien widerstandsfähig sind und die man unter dem Namen „Lacke“ zusammenfaßt. Die Zusammensetzung dieser Lacke ist, wie sich aus dem Gesagten ergibt, sehr mannigfaltig. Man muß hierbei grundsätzlich unterscheiden, ob der zur Farblackerzeugung verwendete Farbstoff der Gruppe der basischen Farbstoffe angehört, oder ob man es mit einem Farbstoff zu tun hat, der einen durch die Anwesenheit von Hydroxylgruppen bedingten, wenn auch nur schwach ausgeprägten sauren Charakter aufweist. Als Beispiel eines basischen Farbstoffs, der zur Bildung eines Lackes befähigt ist, sei das Methylenblau (s. S. 81) genannt. Die Base dieses Farbstoffs ist durch die Eigenschaft ausgezeichnet, mit Gerbsäure (Tannin) einen in Wasser unlöslichen Niederschlag zu bilden, der seiner Entstehung gemäß als gerbsaure Methylenblaubase anzusehen ist. Jedoch entspricht dieser Niederschlag seiner Zusammensetzung nach noch nicht dem Lack, auf dessen Erzeugung die verhältnismäßige, nicht absolute, Echtheit der mittels

Methylenblau erhältlichen Baumwollfärbungen beruht. Als dritter Bestandteil kommt noch hinzu ein Metalloxyd, und zwar verwendet man vornehmlich das Antimonoxyd, $Sb_2O_3$. Die Erzeugung des Farblackes auf der Faser geschieht nun in folgender Weise: Zunächst wird die Baumwollfaser (für Wolle kommen die Tanninfarblacke nicht in Betracht) mit Gerbsäure gebeizt, indem man sie in eine Gerbsäurelösung von etwa 5 g im Liter einlegt, die Lösung kurze Zeit bis zum Kochen erhitzt und nun die Baumwolle in dem allmählich erkaltenden Beizbade etwa 12 Stunden liegen läßt. Die Baumwollfaser nimmt während dieser Zeit, und zwar besonders bei niedrigen Temperaturen, einen erheblichen Teil der Gerbsäure auf, jedoch ist diese Verbindung zwischen Baumwollfaser und Gerbsäure nicht so fest, besonders nicht bei der zum Färben erforderlichen etwas erhöhten Temperatur, daß die auf diese Weise gebeizte Baumwolle schon zum Färben geeignet wäre. An dieser Stelle setzt die Mitwirkung des Antimonoxyds ein. Dadurch, daß man die mit Gerbsäure gebeizte Baumwolle in ein Antimonbad (enthaltend eine Lösung von Brechweinstein oder von Antimondoppellaktaten oder von anderen Doppelsalzen des Antimons, z. B. auch mit anorganischen Säureradikalen) bringt, entsteht das auf der Faser wesentlich fester haftende gerbsaure Antimonoxyd, und dieses erst bildet beim späteren Färben mit Methylenblau den verhältnismäßig beständigen, aus den drei Bestandteilen: Farbstoffbase, Tannin und Antimonoxyd bestehenden Farblack.

Sehr erheblich verschieden von diesen tanninhaltigen Lacken der basischen Teerfarbstoffe sind die von den eigentlichen Beizenfarbstoffen sich ableitenden Metallverbindungen. Zu diesen Beizenfarbstoffen gehören auch die meisten der in der Färberei angewandten natürlichen Pflanzenfarbstoffe. Die einfachsten Vertreter der aus ihnen erhältlichen Farbstofflacke bestehen nur aus den beiden Bestandteilen: Farbstoffsäure und Metalloxyd, wobei es nur noch fraglich sein kann, wie weit bei Wollfärbungen die Wolle selbst an dem Aufbau des Farblackes beteiligt ist. Bei der chemisch durchaus nicht indifferenten Natur der Wolle erscheint es keineswegs ausgeschlossen, daß die Wolle nicht bloß als Unterlage (Substrat) für die zu erzeugenden Lacke dient, sondern daß sie auch in das komplexe Molekül derselben eintritt. Eine derartige Vermutung liegt besonders deshalb nahe, weil die auf der Wollfaser erzeugten Lacke vielfach Eigenschaften zeigen, die mit der Annahme, es handle sich lediglich um ein schwerlösliches Metallsalz der betreffenden Farbstoffsäuren, nicht ausreichend zu erklären sind. Diese eben berührten Eigenschaften sind zum Teil solche, auf denen gerade die Echtheit der Beizenfärbungen beruht, nämlich ihre Widerstandsfähigkeit gegen die verschiedenartigsten Reagenzien, denen solche Färbungen standzuhalten befähigt sind. Bei der Erzeugung von Beizenfärbungen auf Baumwolle hingegen ist eine entsprechende Teilnahme der Baumwolle, d. h. ihres wichtigsten Bestandteiles, der Cellulose, als sehr fraglich zu bezeichnen, obwohl bekanntlich auch die Cellulose durchaus nicht als chemisch indifferent zu gelten hat und sogar im Hinblick auf ihre zahlreichen Hydroxylgruppen zur Bildung von Metallsalzen besonders befähigt erscheinen könnte. Trotzdem aber ist deren Bildung wenig wahrscheinlich, und man darf wohl annehmen, daß die beim Beizen der Baumwolle in den meisten Fällen erforderlichen Hilfsbeizen eine ähnlich wichtige Rolle spielen, wie sie bei Beizenfärbungen auf tierischen Fasern diesen letzteren selbst zufällt.

Als typischer Vertreter der Beizenfarbstoffe sei hier das Alizarin genannt. Zur Erzeugung von Alizarinlacken auf Wolle dienen vor allem die Oxyde des Aluminiums und des Chroms. Mit ersterem erhält man eine blaustichig rote, mit letzterem bordeauxrote bis violette Färbungen. Von großer Bedeutung ist das bekannte „Türkischrot" auf Baumwolle. Bei seiner Erzeugung spielt eine wichtige Rolle das sogen. Türkischrotöl, welches aus Ricinus- oder Olivenöl durch die Einwirkung konzentrierter Schwefelsäure bei gewöhnlicher Temperatur (nicht über 40°) erzeugt wird. Das Ricinusöl ist das Triglycerid der Ricinusölsäure, das der Formel

$$\begin{array}{l} CH_2\cdot O\cdot R \\ | \\ CH\cdot O\cdot R \\ | \\ CH_2\cdot O\cdot R \end{array}$$

entspricht, wobei R den Rest

$$CH_3\cdot(CH_2)_5\cdot CHOH\cdot CH_2\cdot CH{=}CH\cdot(CH_2)_7\cdot CO$$

bedeutet. Durch die Schwefelsäure findet eine teilweise Verseifung des Ricinusöles statt, etwa in der Art, daß aus dem Tri- ein Diglycerid entsteht, dessen Zusammensetzung etwa der Formel

$$\begin{array}{l} CH_2\cdot O\cdot H \\ | \\ CH\cdot O\cdot R \\ | \\ CH_2\cdot O\cdot R \end{array}$$

entspricht. Von noch größerer Wichtigkeit aber ist ein weiterer chemischer Vorgang, nämlich die Anlagerung von 1 Mol. Schwefelsäure an die Doppelbindung der Ricinusölsäure, wobei, entsprechend dem Formelbild:

$$-CH{=}CH- \; + \; H_2SO_4 \longrightarrow -CH_2-CH(O\cdot SO_3H)-,$$

die ungesättigte Ricinusölsäure in den Schwefelsäureester einer gesättigten Säure, und zwar im vorliegenden Falle der Dioxystearinsäure übergeht. Das Türkischrotöl selbst nun stellt die konzentrierte wässerige Lösung des Natrium- oder Ammonsalzes dieses Schwefelsäureesters vor, dessen Zusammensetzung, wie man sieht, also eine höchst verwickelte ist, wobei weiterhin noch anzunehmen ist, daß der eben in seinen wichtigsten Zügen geschilderte Prozeß der Türkischrotölbildung durchaus nicht einheitlich verläuft, sondern daß mehrere, allerdings mehr oder minder nahe verwandte Produkte gleichzeitig entstehen. Hierbei bleibt wohl auch ein Teil des angewandten Ausgangsmaterials unverändert, wird aber durch die wasserlöslichen Estersalze in Lösung erhalten. Das Türkischrotöl bildet einen unerläßlichen Bestandteil des Türkisch- oder Adrianopel-Rot auf Baumwolle. Der Farblack besteht demgemäß außer der Farbsäure, dem Alizarin, noch aus einem mineralischen Bestandteil und dem Türkischrotöl. Bezüglich des mineralischen Bestandteils hat sich die merkwürdige Tatsache herausgestellt, daß Tonerde allein nicht imstande ist, einen schönen brauchbaren Lack zu erzeugen. Es bedarf vielmehr noch der weiteren Mitwirkung des Kalks, und das Türkischrot gehört demnach zu den Doppellacken, die auch in einigen andern Fällen sich als besonders wertvoll erwiesen haben. Die wichtige Rolle des Kalks hat sich, ehe man sie richtig erkannt hatte, in überraschender Weise bisweilen sehr störend dadurch bemerkbar gemacht, daß man bei Benutzung eines reinen, kalkfreien Wassers, wie man es gerade für färberische Zwecke vielfach zu verwenden liebt, ein unbrauchbares Rot erzielte, während man nach demselben Verfahren, aber bei Verwendung kalkhaltigen Wassers eine ganz normale Lackbildung vor sich gehen sah. Von viel geringerer Bedeutung als der feurige Tonerdelack ist der trübe violette Eisenlack, dessen Entstehung man mit äußerster Vorsicht zu verhüten hat, wenn man Türkischrot erzielen will. In diesem Falle müssen auch die geringsten Spuren von Eisen aus den Färbe- und Beizbädern, den Spülwässern, den Dämpf- und Trockenapparaten ferngehalten werden.

Über das Beizen der Gespinstfasern mit Metalloxyden ist im einzelnen folgendes zu sagen. Am einfachsten gestaltet sich das Beizen der Wolle, da die Wollfaser in viel höherem Maße als die Baumwollfaser die Fähigkeit besitzt, die Metalloxyde in fest haftender Form auf sich niederzuschlagen. Bei dieser Operation kommt es vor allem darauf an, das Metalloxyd möglichst gleichmäßig auf der Faser zu verteilen. Geschieht dies nicht, so ist eine ungleichmäßige Färbung unvermeidlich, ohne daß die Möglichkeit bestände, in der oben bei den Egalisierfarbstoffen angedeuteten Weise durch nachträgliches Kochen einen Ausgleich herbeizuführen. Denn dazu fehlt es an der nötigen Voraussetzung, nämlich an der Löslichkeit des Farblackes in Wasser. Eine weitere wichtige Forderung beim Beizen der Spinnfasern ist die, daß die Beize nicht nur oberflächlich auf der Faser haftet, sondern auch in das Innere derselben eindringt. Schon aus diesem Grunde ist es leicht verständlich, daß man nicht daran denken kann, das Beizen mit den unlöslichen Metalloxyden selbst vorzunehmen. Es ergibt sich vielmehr die Notwendigkeit, die in Wasser löslichen Metallverbindungen anzuwenden und während des Beizens für eine allmähliche Aufnahme des Oxyds bzw. der entsprechenden Oxydulverbindung durch die Faser Sorge zu tragen. Zwar besitzt die Wollfaser an sich schon, entsprechend ihrem amphoteren Charakter, d. h. entsprechend ihrer Fähigkeit sowohl als Säure wie auch als Base zu reagieren, das Vermögen, eine hydrolytische Spaltung der zum Beizen benutzten Schwermetallsalze in Metalloxyd bzw. -oxydul und Säure zu befördern. Doch würde diese Fähigkeit nur in den seltensten Fällen ausreichen, um zu einem befriedigenden Ergebnis beim Beizen zu gelangen. In der Regel ist der Zusatz eines neutralen oder schwach basischen Salzes erforderlich, welches die bei dem Beizvorgang freiwerdende Säure des Schwermetallsalzes bindet und so dem Metalloxyd bzw. -oxydul das Aufziehen auf die Faser erleichtert. Dementsprechend benutzt man beim Beizen der Wolle mit Tonerde, um ein typisches Beispiel zu nennen, außer Alaun ($AlK(SO_4)_2 + 12\,H_2O$) noch saures weinsaures Kali, den sogenannten Weinstein von der Formel KOOC·CHOH·CHOH·COOH. Etwas anders wie die Tonerdesalze verhalten sich die Eisensalze. Sie besitzen offenbar eine viel größere Neigung zu hydrolytischen Spaltungen (Dissoziationen), und es bedarf daher bei ihnen nicht des Zusatzes säurebindender Mittel. Im Gegenteil, man beizt Wolle z. B. mit Eisenvitriol ($FeSO_4$) unter Zusatz von Oxalsäure (HOOC·COOH), wobei die Oxalsäure gleichzeitig eine Oxydation des Eisenoxyduls (FeO) zum Eisenoxyd ($Fe_2O_3$) verhüten soll. Noch wesentlich anders gestaltet sich das Beizen der Wolle mit Chromoxyd ($Cr_2O_3$). Man benutzt dazu meist nicht Chromoxydsalze selbst, sondern man bedient sich der chromsauren Salze, z. B. des Kaliumbichromats, $K_2Cr_2O_7$, unter Zusatz reduzierend wirkender Substanzen, die gleichzeitig das Alkali des Bichromats binden, wie Weinstein oder Milchsäure. Hierbei wird allmählich Chromoxyd gebildet und von der Wollfaser aufgenommen. Es ist zweckmäßig, die Wolle nach dem Beizen nicht eintrocknen zu lassen, sondern möglichst bald, noch in feuchtem Zustand, die Ausfärbung mit dem Beizenfarbstoff vorzunehmen. Da die meisten, auf vorgebeizte Wolle zu färbenden Beizenfarbstoffe, wie z. B. Alizarin, in Wasser sehr schwer löslich sind, so beansprucht der Färbeprozeß eine gewisse Zeit, die auch schon deshalb erforderlich ist, um die Lackbildung zwischen Metalloxyd bzw. -oxydul und Farbstoff vor sich gehen zu lassen.

Etwas anders als das Beizen der Wolle gestaltet sich das Beizen der Baumwolle, und zwar deshalb weil die Fähigkeit, die hydrolytische Dissoziation der Metallsalze zu fördern, der Baumwolle in viel geringerem Grade eigen ist als der Wolle. Schon aus diesem Grunde, aber auch um eine Schwächung der Baumwolle durch sauer reagierende Salze zu verhüten, empfiehlt es sich, von vornherein so viel an säurebindenden Mitteln den Metallsalzen hinzuzufügen, als angängig ist, ohne daß es im Beizbade zu einer vorzeitigen Abscheidung der unlöslichen Metalloxyde kommt. Am Beispiel des bekannten Krapprot auf Baumwolle soll kurz die Erzeugung einer Beizenfärbung auf Baumwolle geschildert werden, wobei gleich eingangs bemerkt sei, daß die Erzeugung dieses Türkischrot auf Baumwolle nach so verschiedenartigen, unter sich mehr oder minder abweichenden Verfahren ausgeführt werden kann, daß das nunmehr zu schildernde Verfahren nicht als das allein in Betracht kommende gelten kann.

Als Beizflüssigkeit benützt man eine Lösung von basisch-schwefelsaurer Tonerde, entsprechend etwa der Formel: $Al_2(OH)_2(SO_4)_2$, die man aus Alaun und Soda herstellt. In diese Beizflüssigkeit wird die Baumwolle eingelegt und über Nacht liegen gelassen. Alsdann wird sie abgewunden, geschleudert und 24 Stunden bei 50° getrocknet. Auf das Beizen folgt das Ölen mit einer wässerigen, etwa 5%igen Türkischrotöllösung (s. S. 98). Nachdem die Baumwolle vollständig durchtränkt ist, wird sie ausgewunden, geschleudert und 12 Stunden bei 60—70° getrocknet. Nach dem nochmaligen Beizen erfolgt das Abkreiden, d. h. das Behandeln mit einer Aufschwemmung von Kreide, welches die Aufnahme des zur Erzeugung des Tonerde-Calciumdoppellacks erforderlichen Kalkes ermöglicht und gleichzeitig die Beizen auf der Faser befestigt. Nach dem Färben, das, um Fleckenbildung zu vermeiden, mit großer Vorsicht, unter stetem Umziehen erfolgt, und wobei man die Temperatur der Flotte langsam bis auf 100° steigen läßt, wird wiederum gespült, abgewunden und geschleudert. Die an das nochmalige Ölen sich anschließende Operation des Dämpfens (1 bis 2 Stunden bei 1—1½ Atm. Überdruck) ist für die Erzeugung eines guten Türkischrot von großer

Wichtigkeit, da das Färben allein, selbst wenn es, wie oben angegeben, schließlich bei Siedehitze des Wassers erfolgt, nicht ausreicht, um den echten Lack aus den vier Bestandteilen: Tonerde, Kalk, Alizarin und Türkischrotöl zu bilden. Dazu bedarf es höherer Temperaturen, von über 100°, wie sie im Dämpfapparat leicht erreichbar sind. Damit der durch seinen feurigen Ton ausgezeichnete Lack in seiner ganzen Reinheit zum Vorschein kommt, bedarf es noch einer als Avivieren bezeichneten Operation. Sie besteht darin, daß man die gedämpfte Baumwolle $^1/_2$—1 Stunde mit einer etwa $^1/_2$%igen Seifenlösung kocht, worauf gründlich gewaschen und schließlich getrocknet wird. Man sieht schon aus der kurzen Schilderung des Färbeverfahrens, wie ungemein verwickelt sich dasselbe gestaltet und welcher Vorsicht und Sorgfalt es bedarf, um alle die Kosten und die aufgewendete Mühe zum Schluß durch einen vollen Erfolg belohnt zu sehen. Dabei ist das hier geschilderte Verfahren noch verhältnismäßig einfach gegenüber dem früheren Türkischrotverfahren, das unter dem Namen „Altrotverfahren" bekannt ist.

Die bisher geschilderten Methoden des Färbens lassen bereits erkennen, daß auf diesem Gebiete eine große Mannigfaltigkeit herrscht, doch ist die Zahl der technisch wichtigen Verfahren hiermit noch keineswegs erschöpft. Wir haben im dritten Abschnitt noch die Methoden der Entwicklung von Farbstoffen auf der Faser zu betrachten, Methoden, die gerade in neuester Zeit eine außerordentliche Bedeutung für die Echtfärberei erlangt haben. Hierbei kann man zweierlei unterscheiden: a) Die endgültige Färbung wird durch Nachbehandlung der ursprünglichen Färbung entwickelt und b) Die Färbung wird in der Weise entwickelt, daß erst auf der Faser der Farbstoff aus seinen Bestandteilen erzeugt wird.

Die in diesem Abschnitt zu betrachtenden Methoden sind außerordentlich verschieden, je nachdem es sich um Färbungen auf Wolle oder auf Baumwolle handelt. Gerade auf diesem Gebiet der Färberei macht sich der weitgehende Unterschied zwischen tierischer und pflanzlicher Faser mit großer Deutlichkeit bemerkbar, derart, daß Methoden, die für die Wollechtfärberei von großer Bedeutung geworden sind, für Baumwolle überhaupt nicht in Betracht kommen und umgekehrt. Dies zeigt sich bei dem hier an erster Stelle zu nennenden Verfahren der Nachbehandlung von Wollfärbungen in sehr auffälliger Weise. Das in diesem Abschnitt zu besprechende Verfahren hat von Jahr zu Jahr eine größere Wichtigkeit für Wolle erlangt. Für Baumwolle kommt es kaum in Betracht, schon weil die Eigenschaften der Baumwolle seine unmittelbare Übertragung auf diese Faser geradezu ausschließen.

Wir haben ein wegen seiner Einfachheit viel angewandtes Verfahren zum Färben von Wolle, das direkte Färben mit sauren Farbstoffen, auf S. 89ff. kennen gelernt, gleichzeitig aber feststellen müssen, daß die dabei erzielten Färbungen nur eine beschränkte Echtheit besitzen. Auf S. 95ff. wurde dann ein Verfahren geschildert, das seine große Bedeutung für die Tier- und Pflanzenfaser den bemerkenswerten Echtheitseigenschaften verdankt, die die auf vorgebeizter Faser mit normalen Beizenfarbstoffen erzeugten Farblacke aufweisen. Ein Nachteil dieses Verfahreus liegt in seiner Umständlichkeit und weiterhin in dem ungünstigen Einfluß, den das anhaltende Verweilen der Wollfaser im kochenden Bade auf ihre Eigenschaften ausübt. Demgegenüber bedeutete es einen nicht unerheblichen Fortschritt, als es gelang, Färbungen von gleicher Echtheit wie die vorgenannten aus verhältnismäßig billigen Ausgangsmaterialien nach einem Entwicklungsverfahren zu erzeugen, das rein färberisch betrachtet, eine Art Umkehrung des auf S. 99f. geschilderten darstellt. Das neue Verfahren besteht im wesentlichen darin, daß man die ungebeizte Wolle zunächst in einfachster Weise mit einem sauren Farbstoff färbt, wie dies auf S. 91 des näheren dargelegt wurde und alsdann, wenn das Bad ganz oder nahezu vollkommen erschöpft ist, mit solchen Metallsalzen und zwar im selben Bade nachbehandelt, welche die Fähigkeit besitzen, mit dem auf der Faser befindlichen Farbstoff einen echten Lack zu bilden. Als Metallsalze der ebengenannten Art kommen fast nur die Chromsalze in Betracht. Neben ihnen spielen die anderen Metallsalze, selbst die Kupfersalze, eine untergeordnete Rolle. Diese Art der Erzeugung von echten Beizenfärbungen nach dem sogenannten „Einbadverfahren" wird in verschiedenen Formen durchgeführt. Man bedient sich, allerdings in seltenen Fällen, der Salze des dreiwertigen Chroms, vor allem des Fluorchroms, $CrFl_3$. In diesem Falle besteht die Nachbehandlung lediglich in einer Lackbildung. Man verfährt aber auch in der Weise, und das ist die am häufigsten angewandte Methode, daß man zum Entwickeln der ursprünglichen Färbung sich der Bichromate bedient. In diesem Falle muß vor der Lackbildung eine Reduktion des Bichromats zum Chromoxyd stattfinden und zwar entweder unter gleichzeitiger Oxydation des vorgefärbten Farbstoffes, oder — und dieser Fall ist wohl der häufigere — sowohl des Farbstoffs als auch der Wolle selbst, deren reduzierende Eigenschaften auch bei anderen Gelegenheiten sehr deutlich hervortreten. Daneben mag es auch Fälle geben, in denen die Reduktion des Bichromats lediglich auf Kosten der Wolle erfolgt, während der Farbstoff nur an der Lackbildung beteiligt ist.

Um dem Bedürfnis nach möglichster Vereinfachung des Färbeprozesses Rechnung zu tragen, ein Streben, das vor allem mit Rücksicht auf die dadurch ermöglichte Schonung der Wolle sehr wohl verständlich ist, hat man in den letzten Jahren eine neue, noch weiter verbesserte Form des Einbadverfahrens ersonnen, die darin besteht, daß man dem Färbebad den sauren Farbstoff und das chromsaure Salz, meist Ammoniumchromat, gleichzeitig hinzufügt und dadurch Färben und Beizen in einer einzigen Operation vereinigt. Ein solches Verfahren ist allerdings bei weitem nicht auf alle Beizenfarbstoffe dieser Art anwendbar und bedarf bei seiner Ausführung sehr großer Vorsicht. Eine gewisse Gefahr besteht nämlich darin, daß sich der wasserunlösliche Lack aus Chromoxyd und Farbstoff schon im Färbebad, also ehe der Farbstoff von der Wolle aufgenommen ist, bildet. Derartige unlösliche Partikelchen werden zwar im weiteren Verlauf des Färbeprozesses von der Wollfaser aufgenommen, ohne jedoch in die erforderliche feste Verbindung mit ihr zu treten. Die Folge davon ist das sogenannte „Abrußen" der Färbung. Dieser Mangel macht sich besonders dann sehr unangenehm bemerkbar, wenn die Wolle bei der weiteren Verarbeitung z. B. beim Verspinnen oder Verweben oder bei ihrem bestimmungsgemäßen Gebrauch (Kleider, Möbelüberzüge usw.), mit andersgefärbtem oder mit ungefärbtem Material in Berührung kommt, wobei dieses in sehr empfindlicher Weise angeschmutzt wird. Seine Hauptbedeutung besitzt das hier geschilderte Verfahren für die sogenannten nachchromierbaren Azofarbstoffe, zu denen in neuester Zeit auch eine Reihe wertvoller nachchromierbarer Triphenylmethanfarbstoffe getreten sind. Es findet bisweilen aber auch auf die wasserlöslichen eigentlichen Beizenfarbstoff-Sulfonsäuren, z. B. der Alizarinreihe, Anwendung.

Das gemeinsame Kennzeichen der technisch wirklich wertvollen unter den nachchromierbaren Azofarbstoffen ist eine zur Azogruppe o-ständige OH-Gruppe und zwar im Molekül der Diazokomponente, mit anderen Worten: Nachchromierbare Azofarbstoffe werden erhalten, wenn man Diazoverbindungen, die eine OH-Gruppe in der o-Stellung zur Diazogruppe enthalten, also die sogen. o-Oxydiazoverbindungen, mit geeigneten Azokomponenten, unter denen β-Naphtol die wichtigste ist, kuppelt. Zu den wertvollsten Azofarbstoffen dieser Art gehören das Salicinschwarz (Kalle & Co.) und das Säurealizarinschwarz (Höchster Farbwerke) oder Palatinchromschwarz (B. A. S. F.). Das Salicinschwarz wird erhalten aus der 2-Oxy-1-Diazonaphtalin-4-Sulfonsäure (I) bzw. dem entsprechenden Diazoanhydrid (II) und 1 Mol. β-Naphtol. Das

Säurealizarinschwarz entsteht aus der 2,6-Tetrazophenol-4-Sulfonsäure (III) und 2 Mol. $\beta$-Naphtol. Die Konstitution der Farbstoffe entspricht demnach den Formeln IV und V.

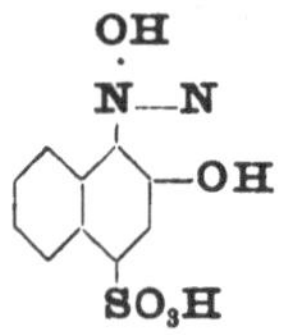

I

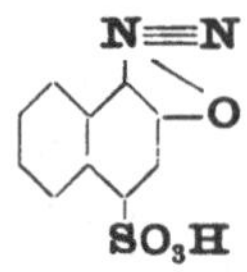

II

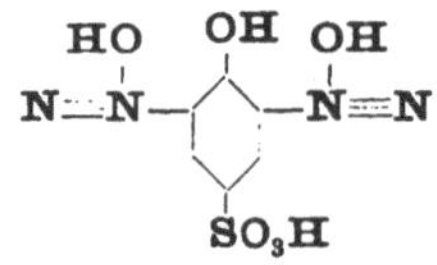

III

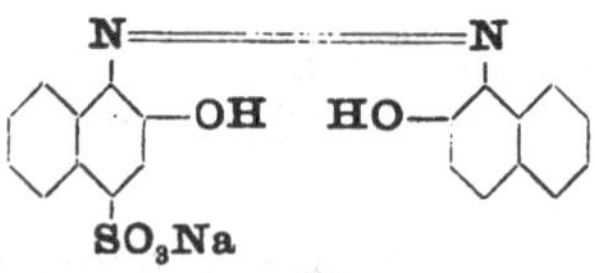

IV

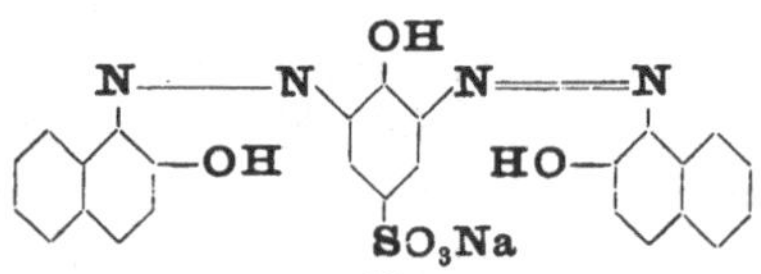

V

Zu den unter a) erwähnten Methoden der Entwicklung gehört, wie bereits auf S. 92 ausgeführt, im Grunde genommen auch das Färben der Baumwolle mit Schwefelfarbstoffen, da erst infolge nachträglicher Oxydation des bereits auf der Faser befindlichen Farbstoffs durch den Sauerstoff der Luft die endgültige Färbung erzeugt wird. In einigen Fällen hat man, um eine derartige Entwicklung der Schwefelfarbstoffe zu beschleunigen, besondere Oxydationsmittel, wie Wasserstoffsuperoxyd ($H_2O_2$), Bisulfit oder Schwermetallsalze auf die Färbungen einwirken lassen. Im allgemeinen läuft diese Nachbehandlung von Baumwollfärbungen mit Oxydationsmitteln, ebenso wie die nachträgliche Kondensation, darauf hinaus, die auf der Faser befindlichen Farbstoffe in schwer lösliche oder unlösliche Produkte überzuführen, die vor allem, gegenüber den ursprünglich aufgefärbten Farbstoffen, eine mehr oder minder weitgehende Verbesserung der Wasser- und Waschechtheit, vielfach auch der Lichtechtheit, aufzuweisen haben.

Unter den verschiedenen Verfahren der Nachbehandlung von Azofarbstoffen ist eines der wichtigsten das Verfahren der Diazotierung und Kupplung, welches darin besteht, daß man Azofarbstoffe, die eine diazotierbare Aminogruppe enthalten, auf der Faser diazotiert und mit kupplungsfähigen Azokomponenten kombiniert, von denen für den gedachten Zweck das $\beta$-Naphtol bei weitem die meiste Verwendung findet. Als Beispiel sei die Erzeugung eines viel verwendeten Baumwollschwarz angeführt. Man färbt die Baumwolle zunächst mit dem Disazofarbstoff aus 1 Mol. Benzidin und 2 Mol. 2,8,6-Aminonaphtolsulfonsäure ($\gamma$), dessen Zusammensetzung der Formel

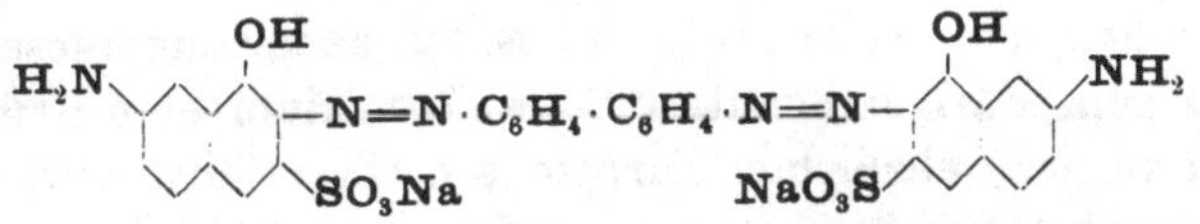

entspricht und der den Handelsnamen Diaminschwarz führt (s. S 66). Es enthält in den beiden Naphtalinkernen in der 2-Stellung je eine diazotierbare Aminogruppe, so daß man auf die oben angegebene Weise, d. h. durch Auffärben des Disazofarbstoffes, nachfolgendes Diazotieren auf der Faser und Kuppeln mit $\beta$-Naphtol einen Tetrakisazofarbstoff erhält von der Formel:

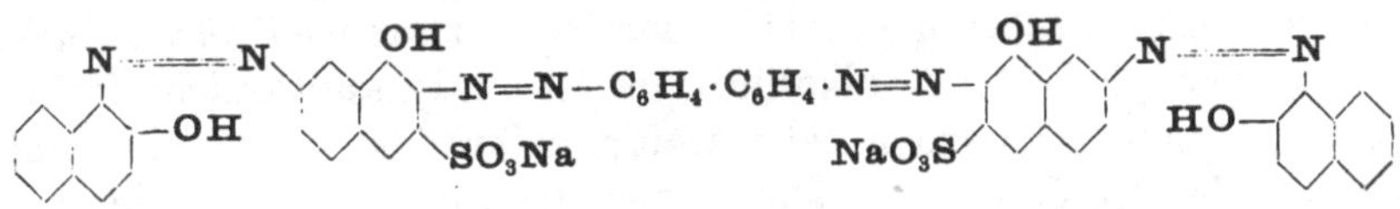

Dieser ist vor dem ursprünglichen Disazofarbstoff nicht nur durch seinen tieferen und schwärzeren Ton, sondern auch, infolge seiner Unlöslichkeit in Wasser, durch seine bessere Waschechtheit ausgezeichnet. Der Prozeß der Diazotierung gestaltet sich sehr einfach: Die vorgefärbte Baumwolle wird in einem kalten, schwach angesäuerten Bade mit der zur Diazotierung des Farbstoffes erforderlichen Menge Nitrit behandelt, nach einiger Zeit aus dem Bade herausgenommen und alsdann in ein zweites Bad gebracht, welches eine ätzalkalische $\beta$-Naphtollösung enthält. Der Kupplungsprozeß vollzieht sich in wenigen Minuten und ist in der Regel an einem mehr oder minder deutlichen Farbenumschlag zu erkennen. In neuerer Zeit wird diesem Verfahren gegenüber ein anderes noch bequemeres Entwicklungsverfahren bevorzugt, von dem auf S. 109 ff. noch ausführlicher die Rede sein wird.

Eine der wichtigsten unter den hier zu betrachtenden Methoden der Färbung durch Entwicklung auf der Faser ist die Küpenfärberei, die für die Erzeugung echter Färbungen sowohl auf Wolle als auch auf Baumwolle eine steigende Bedeutung erlangt hat, nicht nur wegen der Einfachheit des Färbeverfahrens, sondern auch deshalb, weil diese Methode im Gegensatz zu denjenigen Färbemethoden, die ein längeres Ansieden der zu färbenden Faser erfordern, eine technisch sehr ins Gewicht fallende Schonung des Materials, insbesondere der Wolle, ermöglicht, deren ursprüngliche wertvolle Eigenschaften — vor allem kommt hier z. B. die Verspinnbarkeit in Betracht — in weit höherem Maße erhalten bleiben, so daß die Materialverluste bei der weiteren Verarbeitung in sehr erwünschter Weise verhindert werden. Die Küpenfärberei steht rein chemisch betrachtet in naher Beziehung zum Färben mit

Schwefelfarbstoffen, wobei, wie auf S. 92 auseinandergesetzt wurde, durch das zum Färben benutzte Schwefelnatrium eine Reduktion des in Wasser vorher unlöslichen Farbstoffs herbeigeführt wird. Auch bei den Küpenfarbstoffen kommt es darauf an, den unlöslichen Farbstoff in eine lösliche Form zu bringen, in der er von der pflanzlichen und tierischen Faser aufgenommen werden kann. Die aus den Küpenfarbstoffen erhältlichen löslichen Reduktionsprodukte nennt man Leukoverbindungen, also z. B. Leukoindigo oder Indigweiß, Leuko-Thioindigorot usw. Diese, der Indigofärberei entnommene Bezeichnung ist im Hinblick auf die große Zahl der neueren Küpenfarbstoffe nicht mehr ganz zutreffend, da es unter ihnen viele gibt, deren alkalilösliche Reduktionsstufe nicht farblos, sondern unter Umständen sehr kräftig gefärbt ist. Im allgemeinen beruht die Reduktion der Küpenfarbstoffe darauf, daß die in ihnen enthaltenen CO-Gruppen in C·ONa-Gruppen übergeführt werden. So z. B. geht der Indigo

$$C_6H_4{<}\genfrac{}{}{0pt}{}{CO}{NH}{>}C{=}C{<}\genfrac{}{}{0pt}{}{CO}{NH}{>}C_6H_4$$

bei der Verküpung über in eine Verbindung von der Formel:

$$C_6H_4{<}\genfrac{}{}{0pt}{}{C\cdot ONa}{NH}{>}C{-}C{<}\genfrac{}{}{0pt}{}{C\cdot ONa}{NH}{>}C_6H_4,$$

falls man, wie dies in neuerer Zeit sehr vielfach geschieht, als Reduktionsmittel das Natriumhydrosulfit, $Na_2S_2O_4$, anwendet. Dieses wird aus Natriumbisulfit und Zinkstaub gewonnen nach der Gleichung: $2\,NaHSO_3 + Zn \longrightarrow Na_2S_2O_4 + Zn(OH)_2$. Das $Zn(OH)_2$ wird dann weiterhin durch überschüssiges Bisulfit oder durch schweflige Säure in Zinksulfit, $ZnSO_3$, übergeführt. Wendet man zur Verküpung des Indigos, statt Hydrosulfit + Natronlauge, Zinkstaub + Kalk oder Eisenvitriol + Kalk an, wie dies früher vielfach geschah, so erhält man statt des Natronsalzes des Indigweiß das entsprechende, etwas schwerer lösliche Calciumsalz. Die älteste Art der Verküpung, die auch heute noch in der Wollfärberei sehr verbreitet und im Orient fast ausschließlich gebräuchlich ist, beruht auf einem Gärungsprozeß, der gleichfalls in Gegenwart von Kalk und Soda stattfindet; jedoch wird die Reduktion (Verküpung) des Farbstoffs nicht unmittelbar durch chemische Mittel bewirkt, sondern im wesentlichen durch die Tätigkeit der die Gärung hervorrufenden Mikroorganismen. Diese finden sich im Waid, im Krapp und im Kleber, und man benutzt daher diese drei ebengenannten Stoffe, die den Mikroorganismen gleichzeitig als Nährboden dienen, als wirksamen Zusatz zur Indigoküpe; außerdem hat sich Zuckersirup für diesen Zweck als besonders brauchbar erwiesen.

Eine wesentliche Voraussetzung für die Brauchbarkeit eines Farbstoffs als Küpenfarbstoff ist die,. daß seine Leukoverbindung eine gewisse Verwandtschaft zur Textilfaser besitzt. In dieser Richtung bestehen nun zwischen den einzelnen Küpenfarbstoffen sehr erhebliche Unterschiede. Es gibt Küpenfarbstoffe, deren Leukoverbindung aus der wässerigen Lösung ihrer Natrium- oder Kalksalze sehr leicht sowohl von der Baumwolle als auch von der Wolle aufgenommen wird; andere zeigen nur für die Baumwollfaser eine ausgeprägte Verwandtschaft, und wieder andere werden von der Baumwollfaser kaum aufgenommen, während sie von der Wollfaser begierig festgehalten werden. Zu bemerken ist hierbei, daß beim Färben der Wolle mit Küpenfarbstoffen die Küpe keine zu starke Alkalinität aufweisen darf, da andernfalls die Wolle erheblich angegriffen wird, während Baumwolle, wie bereits erwähnt, gegen Alkalien durchaus beständig ist, und daher auch aus stärker alkalischen Küpen gefärbt werden darf. Von großer Wichtigkeit in färbereitechnischer Beziehung ist das Verhalten der Leukoverbindungen gegenüber den Textilfasern bei den verschiedenen Temperaturen. So besteht z. B. ein wesentlicher Unterschied zwischen dem Indigblau auf der einen und den Schwefelfarbstoffen auf der andern Seite in ihrem Verhalten zur Baumwolle bei höheren Temperaturen. Die Affinität des Indigweiß zur Baumwollfaser nimmt bei steigender Temperatur ganz wesentlich ab, während die Schwefelfarbstoffe im allgemeinen auch bei Temperaturen um 90° noch dieselbe Verwandtschaft aufweisen wie bei 40—50°. Infolgedessen färbt man Baumwolle meist kalt (Wolle bei 45—50° C), Schwefelfarbstoffe hingegen vorwiegend bei höheren Temperaturen. Von besonderer Wichtigkeit ist dieses Verhalten der Leukoverbindungen für den Ätzdruck auf Indigo und Schwefelfarbstoffen. Beim Ätzdruck verfährt man in der Weise, daß man ein Ätzmittel, d. h. ein (Oxydations- oder) Reduktionsmittel auf die vorgefärbte Faser aufdruckt und dann durch Dämpfen die (Oxydation oder) Reduktion des Farbstoffes an den bedruckten Stellen bewirkt. In neuerer Zeit wird als Ätzmittel auf Küpenfarbstoffen vielfach die Formaldehydverbindung des Natriumhydrosulfits von der Zusammensetzung $Na_2S_2O_4 + 2\,CH_2O$ oder das Formaldehydsulfoxylat, $NaHSO_2 \cdot CH_2O$, angewandt. Mittels derartiger Ätzmittel, durch welche die Küpenfarbstoffe in ihre Leukoverbindungen übergeführt werden, kann eine volle und dauernde Wirkung aber nur dann erzielt werden, wenn die Leukoverbindungen bei höherer Temperatur keine Verwandtschaft zur

Faser mehr besitzen, also nach dem Dämpfen durch einfaches Auswaschen vom Gewebe entfernt werden können. Bei den Schwefelfarbstoffen trifft diese Voraussetzung im Gegensatz zu den Indigofärbungen nicht oder nur sehr unvollkommen zu, und dies ist der Grund, warum wohl Färbungen mit Indigo, nicht aber solche mit Schwefelfarbstoffen durch Hydrosulfite sich weiß ätzen lassen.

Eine Besonderheit der Küpenfärberei besteht in der Art, wie das Färbebad vorbereitet wird. Die Überführung der wasserunlöslichen Küpenfarbstoffe in ihre wasserlöslichen Leukoverbindungen ist ein chemischer Prozeß, der eine gewisse Konzentration der aufeinander reagierenden Stoffe erfordert. Diese konzentrierte Form ist aber in der Regel, schon mit Rücksicht auf das zur Reduktion angewandte Alkali, zum Färben nicht geeignet. Dieser Umstand hat dazu geführt, beim Färben mit Küpenfarbstoffen die Reduktion der Küpenfarbstoffe in der sogen. Stammküpe und den eigentlichen Färbeprozeß in der Färbeküpe vorzunehmen, die von der Stammküpe aus nach Bedarf mit reduziertem (verküptem) Farbstoff beschickt wird. Auch beim Färben mit Küpenfarbstoffen erweisen sich die schon früher (s. S. 92f.) erwähnten Gleichgewichtsverhältnisse zwischen Farbstoff, Flotte und Textilfaser als sehr bedeutungsvoll. Nur in seltenen Fällen ist die Verwandtschaft des reduzierten Farbstoffes zur tierischen oder pflanzlichen Faser so groß, daß eine vollkommene Erschöpfung des Bades stattfindet; in der Regel bleiben selbst unter den günstigsten Bedingungen nicht unbeträchtliche Mengen der Leukoverbindung im Bade zurück, und man ist daher, wenn man tiefere Färbungen erzielen will, gezwungen, den Färbeprozeß mit demselben Fasermaterial zu wiederholen, d. h. in mehreren „Zügen" zu färben. Dabei verbleibt die Ware zwischen den einzelnen Zügen jedesmal längere Zeit im Bade, bis sich die Faser, je nach ihrer Verwandtschaft zur Leukoverbindung, mit dieser gesättigt hat. Ist dieser Punkt, den man auf Grund längerer Erfahrung genau kennt, erreicht, so wird das Färbegut aus dem Bad herausgenommen und die von der Faser aufgenommene Leukoverbindung zum Farbstoff oxydiert, ein Vorgang, den man beim Indigo „vergrünen" nennt, weil bei beginnender Oxydation infolge der Vermischung des gelblichen Tons der Küpe mit dem Blau des entstandenen Indigos eine Grünfärbung auftritt, die nach einiger Zeit dem bekannten schönen Indigblau Platz macht. Das Eintauchen in die Küpe mit darauffolgendem Vergrünen wird so oft wiederholt, bis die gewünschte Tiefe der Färbung erreicht ist. Färbungen von Indigo auf Pflanzenfasern erfordern nicht nur ein längeres Verweilen des zu färbenden Materials in der Färbeküpe, sondern auch mehr Züge als Wolle, und ebenso macht es einen großen Unterschied aus, ob man lose Wolle färbt, was bei Indigofärbungen die Regel bildet, oder im Stück. In letzterem Falle bedarf es einer erheblich längeren Zeit, bis auch die innersten Teile des Gewebes gleichmäßig mit dem Farbstoff durchtränkt sind.

Es erübrigt noch, an dieser Stelle einer wichtigen Färbemethode zu gedenken, die besonders im letzten Jahrzehnt an Bedeutung noch erheblich gewonnen hat. Es ist die Methode der Erzeugung von Farbstoffen auf der *Faser* aus ihren Komponenten. Hierbei strebt man vor allem darnach, möglichst echte, besonders *waschechte*, und in vielen Fällen auch gut *ätzbare* Färbungen zu erzielen, indem man die Bestandteile, die zur Farbstoffbildung benutzt werden, derartig auswählt, daß wasserunlösliche Verbindungen entstehen. Die Formen, in denen diese Methode zur Ausführung gelangt, sind außerordentlich mannigfaltig. Eine wichtige Rolle spielen auch bei diesen Verfahren wiederum die *Azofarbstoffe*, sei es, daß sie aus zwei *farblosen* Komponenten (s. u.) auf der Faser erzeugt werden, sei es, daß die eine der beiden Komponenten bereits die Natur eines Farbstoffes besitzt. Auf S. 104f. ist eine derartige Färbemethode beschrieben worden, darin bestehend, daß man Azofarbstoffe mit diazotierbaren Aminogruppen auf der Faser *diazotiert* und mit kupplungsfähigen Komponenten kombiniert. Nahe verwandt mit dieser Methode ist die hier zu besprechende, die übrigens gleichfalls nur für *Baumwolle* Anwendung findet und nach der man die Faser zunächst mit solchen Azofarbstoffen anfärbt, die unter der Einwirkung einer *Diazoverbindung* eine mehr oder minder weitgehende Veränderung zugunsten des Farbtones und der Echtheit erleiden. Beide Variationen gehören streng genommen zusammen; der Grund, warum das zuletzt genannte Verfahren erst jetzt näher beschrieben wird, liegt darin, daß es färberisch betrachtet aufs engste verwandt ist mit der soeben erwähnten und nunmehr näher zu beschreibenden Methode, nach der aus zwei *farblosen* Komponenten wasserunlösliche Farbstoffe auf der *Faser* erzeugt werden. Einige Beispiele mögen zur Erläuterung des Gesagten dienen. Einer der wichtigsten Farbstoffe, der nach der in Rede stehenden Methode erzeugt wird, ist der Farbstoff aus $\beta$-Naphtol und diazotiertem p-Nitranilin, $H_2N \cdot C_6H_4 \cdot NO_2$, von der Formel:

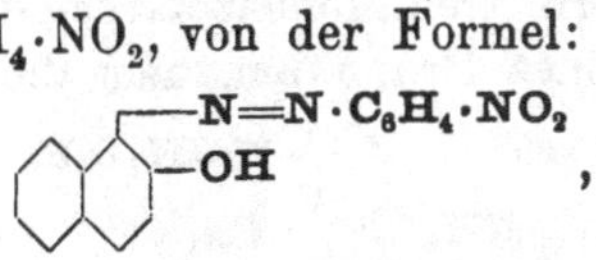


,

der den Namen „*Pararot*“ führt. Man erhält ihn in der Weise, daß man Baumwolle mit einer alkalischen $\beta$-*Naphtollösung* tränkt (klotzt), darnach trocknet und nun durch ein Bad führt, in dem sich eine mit Azetat versetzte Lösung von diazotiertem p-Nitranilin befindet. Es tritt sofort Kupplung ein, und die Baumwolle wird mit einem schönen alizarinrotähnlichen Ton gefärbt, der wegen seiner Billigkeit und verhältnismäßig guten Echtheit sehr geschätzt ist. Ähnlich verfährt man bei der Erzeugung eines schönen Bordeaux aus $\beta$-Naphtol und diazotiertem $\alpha$-Naphtylamin. Weitere Aminoverbindungen, die zu dem gleichen Zweck Verwendung finden, sind das p-Nitro-o-anisidin, das Dianisidin, Benzidin usw. Es lag nun nahe, das $\beta$-Naphtol durch andere kupplungsfähige Komponenten zu ersetzen. Dies ist auch in vereinzelten Fällen geschehen, jedoch hat keine von ihnen die Bedeutung des $\beta$-Naphtols für diesen Zweck auch nur annähernd erreichen können. Ein weiterer Schritt in der gedachten Richtung war die Verwendung von Farbstoffen, und zwar, wie dies in der Natur der Sache liegt, von Azofarbstoffen an Stelle des $\beta$-Naphtols. Allerdings sind für diesen Zweck nur solche Azofarbstoffe verwendbar, die unter der Einwirkung einer Diazoverbindung sich weiter zu entwickeln vermögen. An welche Bedingungen diese Fähigkeit geknüpft ist, wird sich alsbald zeigen. Eines der bekanntesten Beispiele dieser Art von Entwicklungsfarbstoffen ist das Chrysoidin, welches, mit p-Nitranilin entwickelt, das als Chrysoidinbister bezeichnete Braun liefert. Das Chrysoidin ist ein einfacher Monoazofarbstoff, der, entsprechend seiner Entstehung aus diazotiertem Anilin und m-Phenylendiamin, die Konstitution

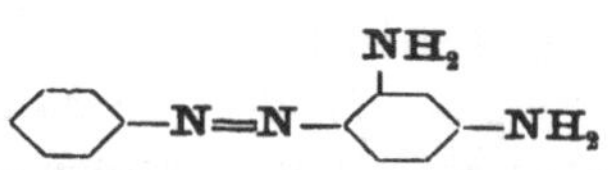


aufweist. Dieser Farbstoff besitzt zwar keine ausgesprochene Verwandtschaft zur Baumwollfaser und kann daher auch nicht in normaler Weise auf Baumwolle gefärbt werden; man muß sich vielmehr ebenso wie beim $\beta$-Naphtol darauf beschränken, die Faser (Strang oder Gewebe) mit dem Farbstoff zu klotzen. Nach dem Trocknen wird die geklotzte, orangerot angefärbte Ware durch ein Bad geführt, in dem sich die Diazolösung befindet, die auch hier meist aus diazotiertem p-Nitranilin bereitet wird. Die Diazolösung wirkt sofort auf den primären Monoazofarbstoff ein und wandelt das Rotorange in ein schönes Braun um, dem die Konstitution:

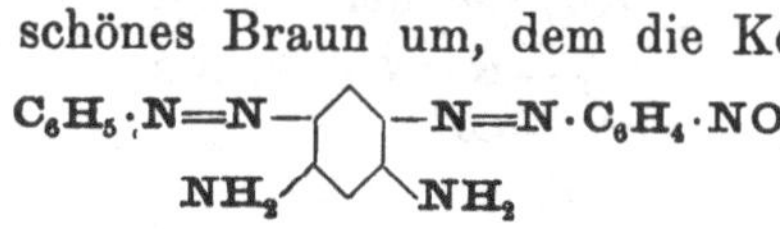


zugeschrieben wird, wobei also, wie man sieht, die Diazoverbindung in den dem m-Phenylendiamin zugehörigen Benzolkern eingreift, was die Entstehung eines Disazofarbstoffs zur Folge hat. Dieses Entwicklungsverfahren setzt voraus, daß der geklotzte Farbstoff die Fähigkeit besitzt, mit einer Diazoverbindung zu reagieren, was sich äußerlich durch eine meist nicht unerhebliche Änderung des Farbentones, ähnlich wie beim Chrysoidin, zu erkennen gibt. Hierbei braucht die Diazoverbindung freilich nicht notwendigerweise in den Kern einzugreifen, wie beim Chrysoidin, vielmehr scheint unter gewissen Umständen die Diazoverbindung die Fähigkeit zu besitzen in die Aminogruppe einzutreten, was zur Entstehung von sogenannten Diazoaminoverbindungen Veranlassung gibt, die nach dem Typus: $R-NH\cdot N=N\cdot R_1$ gebaut sind, wobei R und $R_1$ aromatische Reste bedeuten sollen.

Statt nun die Baumwolle wie bei der Anwendung des β-Naphtols oder des Chrysoidins, die beide keine ausgesprochene Affinität zur Pflanzenfaser besitzen, nur zu klotzen, kann man sie wie dies neuerdings vielfach geschieht, auch zunächst in normaler Weise färben und dann mit Diazoverbindungen entwickeln, wobei natürlich bezüglich des Verhaltens der zum Färben benutzten Farbstoffe gegenüber Diazoverbindungen die gleichen Voraussetzungen gelten, wie soeben bezüglich der Klotzfarbstoffe erwähnt.

Um das in den vorhergehenden Abschnitten über die Entwicklung von Azofarbstoffen auf der Faser Gesagte zusammenzufassen, so lassen sich in der Hauptsache folgende Variationen unterscheiden:

1. Erzeugung von Azofarbstoffen aus zwei farblosen Komponenten (Pararot aus β-Naphtol + diazotiertem p-Nitranilin),

2. Erzeugung von Azofarbstoffen aus zwei Komponenten, von denen die eine gefärbt ist. Hierbei sind zwei Fälle zu unterscheiden: a) Die Faser wird mit einem Farbstoff gefärbt (oder geklotzt), der sich mit einer Diazoverbindung entwickeln läßt (Chrysoidinbister aus Chrysoidin + diazotiertem p-Nitranilin), b) die Faser wird mit einem Farbstoff gefärbt (das Klotzverfahren ist hier nicht anwendbar), der eine diazotierbare Aminogruppe enthält, wobei die Entwicklung durch Diazotieren des vorgefärbten Farbstoffs und Kuppeln mit einer Azokomponente erfolgt (Schwarz aus Diaminschwarz + β-Naphtol).

3. das Verfahren zur Erzeugung von Azofarbstoffen aus zwei Komponenten, von denen beide gefärbt sind, ergibt sich aus den obigen Methoden ohne weiteres, findet aber bisher nur in sehr beschränktem Umfange färberische Anwendung.

Läßt schon die Erzeugung von Azofarbstoffen auf der Faser, wie sich aus den obigen Darlegungen ergibt, die mannigfaltigsten Variationen zu, da jeder gewünschte Farbenton erzeugt werden kann, so ist doch damit die Bedeutung der Methode der Entwicklung von Farbstoffen auf der Faser aus ihren Komponenten noch keineswegs erschöpft. Denn wenn auch die der Azofarbstoffbildung zugrunde liegende Reaktion in ihrem Verlauf durch eine bemerkenswerte Energie ausgezeichnet ist, so verfügt die Farbenchemie doch noch über eine Reihe von weiteren Reaktionen, die sich den Azofarbstoffkupplungen wohl an die Seite stellen lassen. Allerdings haben hier die färberischen Eigenschaften der mittels solcher Reaktionen erzeugten Farbstoffe ein sehr wichtiges Wort mitzureden, und der Umstand, daß den strengen Bedingungen, die hier im Interesse der Echtheit der Färbungen aufgestellt werden müssen, nur verhältnismäßig wenige Farbstoffe genügen, macht es erklärlich, warum die Zahl der nach dieser Methode tatsächlich erzeugten Farbstoffe so eng begrenzt ist gegenüber der verhältnismäßig großen Zahl von Azofarbstoffen.

Als eines der wichtigsten und interessantesten Beispiele für die Erzeugung eines wertvollen Farbstoffes auf der Faser aus farblosen Ausgangsmaterialien sei hier die Erzeugung des Anilinschwarz angeführt. Das Anilinschwarz, auch Diamantschwarz genannt, ist ein durch besonders gute Echtheit ausgezeichneter Farbstoff, der auf scheinbar sehr einfache Weise, nämlich durch Oxydation von Anilin erhalten werden kann. (Über die Entstehung eines violetten Farbstoffs durch Oxydation von Anilin s. S. 81; über die Erzeugung von Anilinrot durch Oxydation toluidin-haltigen Anilins s. S. 61f.) Als Oxydationsmittel werden vor allem die Bichromate und die Chlorate verwendet, wobei gewisse Kontaktsubstanzen, wie z. B. Kupfersalze, vanadinsaures Ammoniak und die Ferrocyanverbindungen als Sauerstoffüberträger eine sehr wichtige Rolle spielen. Bei dieser Oxydation geht das Anilin auf der Faser in den schwarzen Farbstoff über, dessen chemische Konstitution, trotz vieler dahingehender Versuche, auch heute noch als unaufgeklärt gelten muß. Trotz ihrer scheinbaren Einfachheit ist die Erzeugung des Anilinschwarz auf Baumwolle mit gewissen, nicht unerheblichen technischen Schwierigkeiten verknüpft, die erst auf Grund längerer Erfahrung überwunden werden können und die vor allem ihren Grund darin haben, daß bei geringfügigen Abweichungen in der Zusammensetzung der Klotzbäder oder bei der Ausführung des Oxydationsprozesses eine merkliche Schwächung der Baumwollfaser stattfindet, die unter Umständen bis zu ihrer Zerstörung und damit zu großen Verlusten führen kann. Obwohl die Hauptbedeutung des Anilinschwarz auf dem Gebiete der Baumwollfärberei und -druckerei liegt, so hat man in den letzten Jahren auch Verfahren ausfindig gemacht, um

Anilinschwarz auf Wolle zu erzeugen, wobei es vor allem galt, den reduzierenden Eigenschaften der Wolle, die sich hier besonders störend bemerkbar machen, zu begegnen.

Eines der vielen Verfahren zur Erzeugung von Anilinschwarz, sogen. Oxydationsschwarz, auf Baumwolle gestaltet sich etwa folgendermaßen:

Die Baumwolle wird in gereinigtem und gut genetztem Zustande geklotzt mit einer wässerigen Lösung, die als wesentlichste Bestandteile Anilinöl, salzsaures Anilin, Kupfervitriol und Kaliumchlorat, sowie ferner zum Abstumpfen der freiwerdenden Salzsäure ein säurebindendes Mittel, z. B. essigsaure Tonerde, enthält. Nach dem Abschleudern wird die Baumwolle einige Stunden in einem auf etwa 30° geheizten Raume verhängt, wodurch die Oxydation des Anilins zu einer grünen, Emeraldin genannten Zwischenstufe herbeigeführt wird. Die Entwicklung des Grüns zum Schwarz geschieht in einem weiteren Bade, das außer etwas salzsaurem Anilin vor allem Kaliumbichromat enthält. Nach nochmaligem Verhängen der mit dieser Lösung durchtränkten Baumwolle erfolgt eine zweite Nachbehandlung mit einer Lösung aus Bichromat und stark verdünnter Schwefelsäure und zum Schluß eine dritte in einem 60° warmem Bichromatbade. Alsdann wird geseift, gespült und getrocknet.

In ähnlicher Weise, wie man aus Anilin nach dem eben beschriebenen Verfahren ein Schwarz erhält, läßt sich aus p-Phenylendiamin, $H_2N \cdot C_6H_4 \cdot NH_2$, ein wertvolles Braun, das Paraminbraun, gewonnen.

## 11. Untersuchung und Erkennung der Farbstoffe auf der Faser und in Substanz.

### 1. Untersuchung der Farbstoffe auf der Faser.

Daß eine derartige Untersuchung eine sehr genaue Kenntnis, sowohl der im vorhergehenden Abschnitt geschilderten Färbemethoden als auch der chemischen Eigenschaften der Farbstoffe voraussetzt, bedarf wohl kaum der Erwähnung.

Eine in der Praxis sehr häufig auftretende Forderung ist die, festzustellen, welcher Farbstoff oder welche Farbstoffe bei der Herstellung einer bestimmten Färbung benutzt worden sind. Eine der nächsten Aufgaben wird die sein, zu prüfen, welches Fasermaterial der Färbung zugrunde liegt, ob tierische oder pflanzliche Faser oder eine Mischung beider, z. B. Wolle + Baumwolle oder Seide + Baumwolle. Daran schließt sich die Untersuchung der Färbung auf ihr Verhalten bei den verschiedenen Echtheitsproben (s. S. 122ff.), wodurch man ein klares Bild von den Eigenschaften des Farbstoffes enthält, das in den meisten Fällen bereits einen Schluß auf die Zugehörigkeit des Farbstoffes zu einer bestimmten Klasse zuläßt. So wird man z. B. einen Farbstoff auf Wolle, der eine sehr geringe Waschechtheit besitzt, kaum für einen Beizenfarbstoff halten, und umgekehrt, einen Farbstoff von großer Echtheit gegen Seife, Walke und Licht in der Regel nicht ohne weiteres der Klasse der sauren Wollfarbstoffe zurechnen; es kommt aber neben der Möglichkeit, daß ein Beizenfarbstoff vorliegt, auch noch eine andere in Betracht, daß man es nämlich mit einem Küpenfarbstoff zu tun hat. In solchen Fällen wird die Veraschung des Fasermaterials und die Prüfung der Asche auf die beim Beizen gebräuchlichen Metalloxyde des Eisens, Chroms, Kupfers, Aluminiums, Antimons usw. leicht die Entscheidung zwischen diesen beiden Möglichkeiten bringen. Wie bei der Wolle, so wird auch bei der Baumwolle die genaue Kenntnis der Echtheitseigenschaften in erster Linie dazu befähigen, den Kreis der in Betracht kommenden Farbstoffklassen und -gruppen einzuschränken, wobei ja an sich schon die Zahl der Möglichkeiten viel geringer ist als bei den Wollfarbstoffen, da bei der geringeren Verwandtschaft der Baumwolle zu den organischen Farbstoffen ganze Gruppen von diesen von vornherein ausscheiden. Es würde zu weit führen, bis in alle Einzelheiten die Methoden und Reaktionen anzuführen, die zur Lösung der bisweilen sehr schwierigen Aufgabe, wie sie die Untersuchung von Farbstoffen bietet, Anwendung finden. Es mag an dieser Stelle genügen, in großen Umrissen den Gang der weiteren Untersuchungen anzudeuten.

Überblicken wir die in den vorhergehenden Abschnitten geschilderten Färbemethoden, so kommen, vom färberischen Standpunkt betrachtet, folgende Farbstoffe für die Baumwolle in Betracht: 1. Farbstoffe vom Typus des Kongorots, also Azofarbstoffe, die Benzidin und seine Derivate, oder p-Phenylendiamin, Diaminostilben und ähnliche Verbindungen als Diazokomponenten enthalten. 2. Farbstoffe, die die 2,5,7-Aminonaphtolsulfonsäure (J-Säure) von der Konstitution

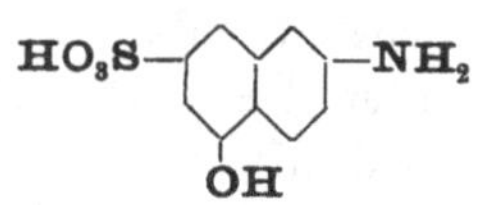


oder ein Derivat derselben als Azokomponente enthalten. Solche Farbstoffe sind in neuerer Zeit vielfach als wertvolle direkt färbende

Baumwollfarbstoffe angewendet worden. Übrigens können die unter 1. und 2. erwähnten Farbstoffe entweder in der ursprünglichen Färbung oder in einer nachbehandelten Form — z. B. Diazotierung und Kupplung oder Entwicklung mit einer Diazoverbindung — vorliegen. 3. Schwefelfarbstoffe; 4. Küpenfarbstoffe; 5. Farbstoffe, die aus ihren Bestandteilen erst auf der Faser erzeugt wurden, z. B. Pararot, Anilinschwarz, Paraminbraun. Die unter 1—5 genannten Färbungen auf Baumwolle sind sämtlich ohne Mitwirkung von Beizen zustande gekommen. Hat daher die Veraschung einer Probe ergeben, daß es sich um eine Beizenfärbung handelt, so kommen noch folgende Möglichkeiten in Betracht: 6. Basische Farbstoffe von der Art des Fuchsins, Safranins, Methylenblaus, des Rhodamins usw., die mittels Tannin- und Antimonbeize erzeugt wurden. 7. Beizenfarbstoffe von der Art des Alizarins und der Holzfarben, wie Blauholz oder Gelbholz, oder beizenfärbende Thiazine, Oxazine und Triphenylmethanfarbstoffe, von denen einzelne eine gewisse Bedeutung für die Baumwollfärberei erlangt haben. Derartige Farbstoffe weisen neben ihrem allgemeinen Klassencharakter, wie ja auch schon durch die Bezeichnung angedeutet ist, noch besondere konstitutive Merkmale auf, vermöge deren sie die Fähigkeit erlangen, auf Beizen zu ziehen, in ganz analoger Weise, wie dies bei den Farbstoffen der Alizarinreihe und der großen Mehrzahl der Pflanzenfarbstoffe der Fall ist. In der Regel beruht diese wertvolle Fähigkeit auf dem Vorhandensein von Hydroxylgruppen in ganz bestimmten Stellungen, und zwar entweder in o-Stellung zur chromophoren Gruppe, oder zu einer zweiten Hydroxylgruppe oder zu einer Karboxylgruppe (COOH). Letztere Verbindungen sind Abkömmlinge der Salicylsäure oder o-Oxybenzoësäure von der Konstitution

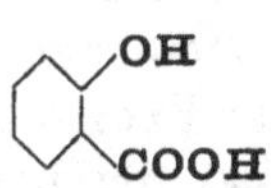

und werden in der Regel auch unter Benutzung dieser Komponente erhalten.

Wendet man eine analoge Einteilung auch auf die Wollfarbstoffe an, so ergeben sich folgende Gruppen: 1. Basische Farbstoffe; 2. saure Farbstoffe; 3. Halbwollfarbstoffe, d. h. gewisse Farbstoffe aus der Gruppe der Benzidinfarbstoffe, die gleichzeitig die Fähigkeit besitzen, sich (meist aus neutralem Bade) auf Wolle färben zu lassen; 4. Küpenfarbstoffe.

Farbstoffe von der Art des Anilinschwarz haben, wie schon auf S. 112 erwähnt, für Wolle keine große Bedeutung und können daher hier außer Betracht gelassen werden. Wichtig hingegen sind, wie schon mehrfach erwähnt, wegen ihrer guten Echtheitseigenschaften diejenigen Färbungen auf Wolle, die mit Hilfe von Beizen zustande gekommen sind und die sich als Beizenfärbungen durch die Untersuchung auf den Aschengehalt leicht erkennen lassen. Hier lassen sich zwei Gruppen unterscheiden: 5. Eigentliche Beizenfarbstoffe, d. h. Farbstoffe, die die besonderen Kennzeichen der Beizenfarbstoffe an ihrem molekularen Aufbau (s. S. 115) erkennen lassen und daher für die tierische und pflanzliche Faser in gleicher Weise in Betracht kommen, wie z. B. Alizarin und viele andere Pflanzenfarbstoffe. 6. Die nachchromierbaren Azo- und Triphenylmethanfarbstoffe.

Es bedarf kaum der Erwähnung, daß die bloße Erkenntnis von der Zugehörigkeit eines Woll- oder Baumwollfarbstoffes zu einer der im vorhergehenden Abschnitte erwähnten Untergruppen noch lange nicht die Erreichung des erstrebten Zieles, nämlich die genaue Identifizierung des Farbstoffes, bedeutet. Immerhin ist diese Erkenntnis, da sie die Feststellung der Konstitution des Farbstoffs wesentlich erleichtert, von großem Wert, und man wird deshalb in allen Fällen danach trachten, zu einem sicheren Ergebnis bezüglich der Zugehörigkeit zu einer der Untergruppen zu gelangen.

Neben den oben erwähnten mehr färberischen Methoden der Unterscheidung spielen auch die chemischen Reaktionen eine große Rolle. Einzelne dieser Reaktionen lassen sich zwar auch mit dem auf der Faser befindlichen Farbstoff vornehmen; in vielen Fällen aber ist es zweckmäßig, den Farbstoff erst von der Faser zu trennen und mit dem abgetrennten, wenn nötig gereinigten Farbstoff die chemische Untersuchung vorzunehmen. Die hierbei zur Anwendung gelangenden Methoden sind natürlich dieselben, die dann angezeigt sind, wenn der Farbstoff ursprünglich schon in Substanz vorliegt, und es soll daher von diesem Gegenstand im nächsten Abschnitt ausführlicher die Rede sein. Die Loslösung des Farbstoffes von der Faser wird je nach dem Grade der Echtheit eine verschieden schwierige Aufgabe sein. In einzelnen Fällen, z. B. bei der Ablösung von Küpen- und Beizenfarbstoffen, werden besonders energische Mittel (verdünnte Salzsäure, Zinnchlorür + Salzsäure, verdünnte Oxalsäure, Eisessig + Schwefelsäure, Alkohol, Alkohol + Salzsäure, Alkohol + Aluminiumsulfat, Natriumhydrosulfit usw.) anzuwenden sein, um dieses Ziel zu erreichen, während die direkten Woll- und Baumwollfarbstoffe im allgemeinen die geringsten Schwierigkeiten bereiten.

## 2. Bestimmung der Farbstoffe in Substanz.

Ist ein Farbstoff in Substanz zur Untersuchung gegeben, so wird die Schwierigkeit der zu lösenden Aufgabe um so größer sein, je weniger über die Verwendung des Farbstoffes und über die Art, wie er gefärbt werden soll, bekannt ist. Eine der ersten Untersuchungen wird sich daher darauf richten festzustellen, für welches Fasermaterial der Farbstoff vermöge seiner färberischen Eigenschaften in Betracht kommt und nach welchen Methoden er zu färben ist. Einen gewissen Anhalt wird in dieser Richtung die Löslichkeit des Farbstoffes in Wasser bieten. Baumwollfarbstoffe der Untergruppen 1, 2, 5 und 6 werden in der Regel in Wasser löslich sein, ebenso die Wollfarbstoffe der Untergruppen 1, 2, 3 und 6. Demgegenüber sind die Baumwollfarbstoffe der Untergruppen 3, 4 und 7 meist unlöslich oder schwer löslich, und das gleiche gilt von den Wollfarbstoffen der Untergruppen 4 und 5. Von den in Wasser unlöslichen oder schwer löslichen Farbstoffen sind die Schwefelfarbstoffe in Schwefelalkali, die Küpenfarbstoffe in alkalischem Hydrosulfit löslich, wobei gleichzeitig eine Verküpung stattfindet, die bisweilen auch schon mit Schwefelalkali herbeigeführt werden kann. Beizenfarbstoffe von der Art des Alizarins und der anderen natürlichen Pflanzenfarbstoffe sind meist in Alkali ohne Reduktionsmittel löslich, werden aber aus dieser Lösung leicht schon durch Essigsäure oder andere schwache Säuren wieder ausgefällt. Bei wasserlöslichen Farbstoffen stellt man weiterhin Versuche an, um festzustellen, wie sie sich auf Zusatz von Säuren, insbesondere von Mineralsäuren verhalten, ob sie dadurch aus der wässerigen Lösung ausgefällt werden und ob sich dabei der Ton der Farbstoffe ändert, wie dies vielfach der Fall ist, oder nicht. Als Gegenstück zu dem Verhalten der Farbstoffe gegen Säuren prüft man ihr Verhalten gegen Soda oder Ätzalkalien, wobei gleichfalls sehr häufig deutlich wahrnehmbare Umschläge im Farbton auftreten. Von großer Wichtigkeit für alle Farbstoffe, ob in Wasser löslich oder nicht, ist ihr Verhalten beim Lösen in konzentrierter Schwefelsäure. Dieses Reagens empfiehlt sich besonders deshalb, weil es, sofern man trockene Farbstoffpulver für die Untersuchung verwendet, am ersten ein einwandfreies Bild liefert, während die Lösungen in Wasser oder Soda oder in verdünnten Ätzalkalien, ebenso wie die Fällung durch verdünnte Säuren, bisweilen zu erheblichen Täuschungen Veranlassung geben, da die bei Anwendung der zuletzt genannten Reagenzien auftretenden Farbenerscheinungen sehr häufig durch Zufälligkeiten, wie Salzgehalt, mehr oder minder großen Überschuß des Reagens, Temperatur oder Konzentration, stark beeinflußt werden. Eine Reaktion von großer Bedeutung für die Erkennung der Farbstoffe ist auch die Reduktion. Hierbei treten je nach der Klasse, welcher der Farbstoff angehört, sehr charakteristische Unterschiede zutage. Man kann die Farbstoffe nach ihrem Verhalten gegenüber Reduktionsmitteln (Zinkstaub + Wasser, Zinkstaub + HCl, Zinkstaub + Ammoniak, Zinnchlorür + Salzsäure, Schwefelnatrium, Natriumhydrosulfit usw.) in verschiedene Gruppen einteilen. Zur ersten Gruppe gehören diejenigen Farbstoffe, die durch Reduktionsmittel gar nicht oder nur äußerst schwierig angegriffen werden, zur zweiten solche, die durch Reduktionsmittel langsam und unvollständig reduziert werden, zur dritten solche, die durch einen Teil der Reduktionsmittel eine dauernde Veränderung erleiden, ohne daß eine vollkommene Entfärbung stattfindet; zur vierten Klasse endlich diejenigen, die durch Reduktion mehr oder minder leicht zu farblosen Verbindungen sich reduzieren lassen. Zur letzteren Gruppe gehören wohl die zahlreichsten Farbstoffe, was daraus erklärlich wird, daß die chromophoren Gruppen, die, wie auf S. 73 auseinandergesetzt, den Farbstoffcharakter bedingen, durch das Vorhandensein von Doppelbindungen ausgezeichnet sind, die durch Reduktionsmittel in einfache Bindungen übergeführt werden, ein Vorgang, der meist mit dem Verschwinden des Farbstoffcharakters verbunden ist. Dabei werden die Farbstoffe entweder in ihre Leukoverbindungen umgewandelt (s. S. 80 u. 107), oder es tritt eine vollständige Aufspaltung des Farbstoffmoleküls ein. Welche von den beiden Wirkungen die Reduktion ausgeübt hat, läßt sich nun sehr leicht erkennen, wenn man das Reduktionsprodukt wieder mit Oxydationsmitteln zusammenbringt. Farbstoffe, die durch den Reduktionsprozeß lediglich in ihre Leukoverbindungen übergeführt worden sind, besitzen die Fähigkeit, sich durch nachträgliche Oxydation wieder zu regenerieren, während solche Farbstoffe, die durch die Reduktion eine Spaltung ihres Moleküls erlitten haben, nicht imstande sind, durch einfache Oxydation das zerstörte Molekül wieder aufzubauen. Die Leichtigkeit, mit der sich die Leukoverbindungen in die entsprechenden Farbstoffe zurückverwandeln, ist bei den einzelnen Farbstoffklassen außerordentlich verschieden. Während die Leukoverbindungen der Küpenfarbstoffe ebenso wie diejenigen der Indamine und Indophenole, der Azine, Oxazine, Thiazine und Xanthenfarbstoffe schon in Berührung mit dem Sauerstoff der Luft binnen kurzem sich in den ursprünglichen Farbstoff zurückverwandeln, bedürfen die Leukoverbindungen der Triphenylmethanfarbstoffe eines etwas energischer wirkenden Oxydationsmittels.

Die Azofarbstoffe erleiden durch die Reduktion eine derartig weitgehende Spaltung, daß sie auch durch nachträgliche Oxydation nicht wieder in den ursprünglichen Zustand zurückzukehren vermögen. So z. B. zerfällt der einfachste Monoazofarbstoff, das Aminoazobenzol, $C_6H_5 \cdot N{=}N \cdot C_6H_4 \cdot NH_2$, durch Reduktion in 1 Mol. Anilin $C_6H_5 \cdot NH_2$ und 1 Mol. p-Phenylendiamin, $H_2N \cdot C_6H_4 \cdot NH_2$, indem die Azogruppe 4 Atome Wasserstoff aufnimmt. In analoger Weise wie ein Monoazofarbstoff durch reduktive Spaltung in zwei Teile zerfällt, so zerfällt ein Disazofarbstoff bei vollkommener Reduktion in drei Teile; in vielen Fällen allerdings kann man auch durch gelinde Reduktionsmittel den Disazofarbstoff durch unvollkommene Spaltung in zwei Teile, einen Monoazofarbstoff und das entsprechende andere Spaltstück, überführen, entsprechend z. B. dem Schema:

$$R \cdot N{=}N \cdot R_1 \cdot N{=}N \cdot R_2 \cdot NH_2 + 4H \rightarrow R \cdot N{=}N \cdot R_1 \cdot NH_2 + H_2N \cdot R_2 \cdot NH_2 .$$

Von dieser Möglichkeit wird zu analytischen Zwecken ausgiebig Gebrauch gemacht. Ebensowenig wie sich aus Anilin und p-Phenylendiamin das Aminoazobenzol wieder aufbauen läßt, ebensowenig ist dies hinsichtlich des Disazofarbstoffs möglich, sei es, daß man ihn vollkommen oder auch nur teilweise gespalten hat.

Die eigentlichen Nitro- und Nitrosofarbstoffe erleiden durch Reduktionsmittel zwar nur eine Reduktion ihres Chromophors ohne weitere Spaltung: Pikrinsäure (I) geht z. B. in Triaminophenol (II) über:

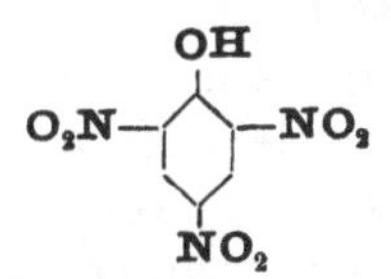

I

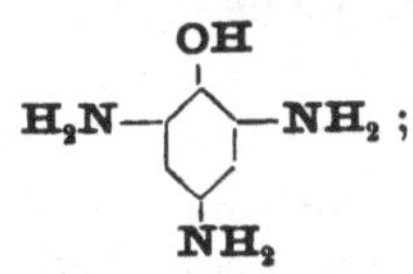

II

doch läßt sich durch Oxydation der ursprüngliche Farbstoff nicht wieder regenerieren.

Es würde zu weit führen, alle Einzelheiten bei der Untersuchung von Farbstoffen auf ihre Konstitution hier näher darzulegen; es sei zum Schluß nur noch darauf hingewiesen, daß von verschiedenen Seiten umfangreiche Tabellen aufgestellt worden sind, die, unter Benutzung der eben mitgeteilten und noch einiger anderer Reaktionen, die Identifizierung unbekannter Farbstoffe erleichtern. Dagegen sei an dieser Stelle noch einer wichtigen physikalischen Methode gedacht, die dank den Bemühungen von Formánek in vielen Fällen ein wertvolles Hilfsmittel darbietet, wenn die Anwendung chemischer Methoden entweder nur zu unsicheren Ergebnissen führt oder mit erheblichen Schwierigkeiten verknüpft ist.

Es ist dies die Untersuchung der Farbstoffe mit Hilfe der Spektralanalyse, zu deren Ausführung das Spektroskop Anwendung findet. Wie bereits auf S. 2f. ausgeführt, beruht die Färbung von Lösungen ebenso wie die von festen Körpern, darauf, daß nur ein gewisser Teil des weißen Lichtes der Sonne von den für unser Auge sichtbaren Körpern durchgelassen bzw. zurückgeworfen (reflektiert) wird, während der andere komplementäre Teil von dem Körper verschluckt (absorbiert) wird. Von dieser Tatsache wird nun in der Spektralanalyse der Farbstoffe in sehr einfacher Weise Gebrauch gemacht: Man stellt in einem geeigneten Lösungsmittel und in geeigneter Konzentration Lösungen der Farbstoffe her und untersucht mittels des Spektroskops, welche Strahlenarten von der zu untersuchenden Farbstofflösung absorbiert und welche von ihr durchgelassen werden. Dabei hat sich gezeigt, daß jeder Farbstoff unter geeigneten Umständen ein ganz bestimmtes, für ihn charakteristisches Spektrum liefert, d. h. ein farbiges Band, das an verschiedenen Stellen durch mehr oder minder breite dunkle Streifen unterbrochen wird. Die dunklen Streifen zeigen an, daß die an dieser Stelle sonst, d. h. bei der spektroskopischen Zerlegung weißen Lichts, sichtbaren Strahlen von der Farbstofflösung absorbiert worden sind.

Eine Frage von großer praktischer Wichtigkeit im Hinblick auf den Preis ist die Feststellung der Stärke eines Farbstoffes. Das nächstliegende und tatsächlich auch in fast allen Fällen zur Anwendung gelangende Mittel, um die Stärke zu ermitteln, ist das Ausfärben des Farbstoffs auf dem geeigneten Material unter Anwendung der geeigneten Färbemethode. Eine Schwierigkeit besteht darin, daß Unterschiede in der Tiefe des Tones von etwa 5 % und weniger zu ihrer deutlichen Erkennung ein sehr geübtes Auge erfordern, zumal dann, wenn die zu vergleichenden Färbungen im Ton nicht vollkommen übereinstimmen oder Unterschiede in der Reinheit aufweisen. Denn es bedarf meist nur einer sehr geringen Trübung des Tones, um den Eindruck einer größeren Stärke hervorzurufen. Im Handel spielen 5 % Unterschied in der Stärke selbstverständlich keine geringe Rolle, und es liegt somit ein Bedürfnis nach einem zuverlässigen Maßstab für die Beurteilung der Stärke vor, das aber auch durch die Herstellung von sogenannten Colorimetern noch keine vollkommene Befriedigung gefunden hat. Bei der colorimetrischen Prüfung werden aus den beiden, hinsichtlich ihrer Stärke zu vergleichenden Farbstoffen Lösungen bereitet, die in gleichen Raumteilen gleiche Farbstoffmengen enthalten. Das Colorimeter dient dazu um festzustellen, welche Schichthöhen die beiden Vergleichslösungen besitzen müssen, um bei der gleichzeitigen, durch die Einrichtung des Colorimeters ermöglichten Betrachtung den Eindruck gleicher Stärke zu erwecken. Erfordert z. B. der Farbstoff A die Schichthöhe 80, der Farbstoff B die Schichthöhe 100, so ist der Farbstoff A der stärkere von beiden, und zwar sind, wie sich ohne weiteres ergibt, 80 Teile von A = 100 Teilen von B. Wenn es auch bei der colorimetrischen Stärkeermittlung, ebenso wie bei den Ausfärbungen, an einem objektiven Maßstabe fehlt, so hat doch die colorimetrische Methode wenigstens den Vorzug großer Einfachheit, und da sie binnen sehr kurzer Zeit eine ganze Reihe von Messungen ermöglicht, so ist es leicht, zu einem Mittelwert zu gelangen, der eine gewisse Gewähr dafür bietet, daß er dem wirklichen Wert einigermaßen nahe kommt.

Bei der bisherigen Betrachtung wurde der Einfachheit halber angenommen, daß ein einheitlicher Farbstoff zur Untersuchung, sei es auf der Faser oder in Substanz, vorliege. Diese Voraussetzung trifft jedoch tatsächlich sehr häufig nicht zu, ein Umstand, der die Erkennung und den Nachweis wesentlich erschwert, da die Reaktionen, die der eine Bestandteil des Gemisches für sich gibt, in erheblichem Maße durch die Reaktionen des begleitenden Farbstoffs verdeckt zu werden pflegen. Es ist daher, um einer irrtümlichen Beurteilung der Reaktionen vorzubeugen, notwendig, schon zu Beginn der Untersuchung sich darüber Klarheit zu verschaffen, ob ein einheitlicher Farbstoff oder ein Farbstoffgemisch vorliegt. Für eine solche Prüfung stehen zwei Verfahren zur Verfügung: 1. die Capillaranalyse und 2. das Aufblasen des Gemisches auf befeuchtetes Fließpapier oder das Aufstreuen auf Wasser oder das Benetzen mit konz. Schwefelsäure. Die besonders von Goppelsröder gepflegte Capillaranalyse macht sich die Verschiedenheit zunutze, mit der Farbstofflösungen in Fließpapier wandern. Wenn man nämlich ein Farbstoffgemisch in Wasser löst und in diese Lösung Streifen von Fließpapier eintaucht, so wird man in der Regel bemerken können, daß die Geschwindigkeit, mit der die gelösten Farbstoffe in dem Papier aufsteigen, nicht unerheblich verschieden ist und daß schließlich sich unterschiedlich gefärbte Zonen bilden, die deutlich erkennen lassen, daß der Farbstoff nicht einheitlich, sondern aus zwei oder mehreren Bestandteilen zusammengesetzt ist. Das Aufblasen des Farbstoffpulvers auf feuchtes Fließpapier bewirkt eine räumliche Trennung selbst der feinsten Teilchen des Pulvers und erzeugt daher bei Farbstoffmischungen eine eigenartige Sprenkelung des Papiers, aus der man bisweilen die Zahl der Bestandteile mit Leichtigkeit feststellen kann. Selbstverständlich bedarf es bei derartigen Untersuchungen einer gewissen Übung und Erfahrung, wenn man aus den gewonnenen Ergebnissen nicht zu Fehlschlüssen gelangen will.

## 12. Die Echtheit der Farbstoffe und die Methoden ihrer Prüfung.

Die Ziele, die bei der Verwendung der Farbstoffe zum Färben verfolgt werden, so sind so außerordentlich verschieden, daß es wohl ohne weiteres verständlich ist, daß ein Farbstoff von bestimmtem Ton und bestimmten Färbeeigenschaften nur einem mehr oder minder eng begrenzten Kreis von Zwecken dienen kann. Mit anderen Worten, daß er sehr wohl geeignet sein kann für den einen bestimmten Zweck, daß er sich aber als gänzlich unbrauchbar erweisen kann für einen anderen. Diese einfache und scheinbar so nahe liegende Wahrheit hat bis auf den heutigen Tag nicht die gebührende Anerkennung gefunden, und daraus sind zum großen Teil die Mißverständnisse und Übelstände entsprungen, unter denen alle beteiligten Kreise, die Teerfarbenfabriken sowohl wie die Färber und die Verbraucher zu leiden haben. Schon auf S. 88 wurde darauf hingewiesen, wie wichtig es ist, in jedem einzelnen Falle die richtige Färbemethode für einen bestimmten Farbstoff anzuwenden; von der gleichen Wichtigkeit ist es aber auch, schon beim Färben darauf Rücksicht zu nehmen, welche Verwendung das gefärbte Material finden soll. An Stoffe, die auf Fenstervorhänge verarbeitet werden sollen, werden große Anforderungen hinsichtlich der Lichtechtheit zu stellen sein, während die Schweißechtheit für sie gar nicht in Betracht kommt, fast ebensowenig auch die Waschechtheit, zumal bei wollenen Stoffen dieser Art. Von großer Bedeutung aber ist die Waschechtheit auf der anderen Seite für Materialien, die ihrer Bestimmung gemäß einer häufigen Behandlung mit heißer oder gar kochender Seifenlauge unterworfen werden müssen, wie z. B. Leib- oder Tischwäsche u. dergl. Fahnenstoffe und Militärtuche, die Wind und Wetter, Regen und Sonnenschein über sich ergehen lassen müssen, erfordern Farbstoffe mit ganz anderen Echtheiten als Gewebe, die zum Überziehen von Polstermöbeln dienen sollen und die normalerweise auf Echtheit gegen Wasser nicht beansprucht werden, die aber wieder nach einer ganz anderen Richtung durchaus echt sein müssen, die z. B. nicht abfärben (abrußen) dürfen, wenn sie mit Kleiderstoffen in Berührung kommen.

Schon dieser kurze Hinweis dürfte genügen um erkennen zu lassen, daß der Begriff „echt“ nicht in dem Sinne verstanden werden darf, daß es sich um eine absolute Echtheit eines Farbstoffs für alle Verwendungszwecke handelt, sondern daß von der Echtheit eines Farbstoffs niemals gesprochen werden sollte ohne hinzuzufügen, um welche besondere Art der Verwendung es sich im einzelnen Falle handelt. Einen absolut echten Farbstoff gibt es überhaupt nicht, weder unter den natürlichen noch unter den auf künstlichem Wege hergestellten Farbstoffen. Das Vorurteil, die Teerfarbstoffe seien weniger echt als z. B. die Pflanzenfarbstoffe, ist durch nichts gerechtfertigt. Die Teerfarbenindustrie ist heute in der Lage, fast für jeden Zweck genügend echte Farbstoffe herzustellen, zum großen Teil sogar mit wesentlich besseren Echtheitseigenschaften als sie die natürlichen Farbstoffe aufzuweisen haben. Wenn diese Farbstoffe trotzdem nicht die Anwendung finden, die ihnen zu wünschen wäre, so liegt dies zum Teil an der Unkenntnis der Verbraucher, zum Teil aber auch an dem verwerflichen Bestreben, möglichst billige Farbstoffe zu verwenden auf Kosten der Echtheit. Damit soll den billigen Farbstoffen keineswegs die Daseinsberechtigung abgesprochen werden, aber man sollte sie nicht dann anwenden, wenn die besonderen Umstände des Falles echtere und dann allerdings auch teurere Farbstoffe erfordern.

Eine Verschiedenheit hinsichtlich der Anforderungen, die an die Echtheit der Färbungen gestellt werden müssen, besteht auch insofern, als die gefärbten Materialien nach dem Färben und vor ihrer bestimmungsgemäßen Verwendung vielfach noch eine oder unter Umständen mehrere technische Operationen zu durchlaufen haben, die außer den für die endgültige Verwendung des gefärbten Materials in Betracht kommenden Echtheiten noch eine gewisse Widerstandsfähigkeit gegenüber jenen Operationen nötig machen. Dies gilt insbesondere für die Verarbeitung der gefärbten Materialien in der Textilindustrie, in der das Färben vielfach erst den Beginn einer langen Reihe von technischen Operationen bedeutet, denen die Tier- und Pflanzenfaser unterworfen wird. Wird z. B. die tierische Faser „in der Wolle gefärbt“, so kommen als weitere Operationen nicht nur das Verspinnen und Verweben in Betracht, die die Wahl des Farbstoffes und die Art, in der er gefärbt werden soll, in ausschlaggebender Weise bestimmen, sondern auch z. B. die Operationen des Schwefelns, Carbonisierens und vor allem des Walkens, die wieder in einer ganz anderen Richtung den Farbstoff beanspruchen.

Man kann von diesem Gesichtspunkt aus zwei Arten von Echtheiten unterscheiden: 1. solche Echtheiten, die bei der technischen Verarbeitung der gefärbten Materialien von Wichtigkeit sind, und 2. solche Echtheiten, die vorwiegend bei der bestimmungsgemäßen Verwendung des gefärbten und fertig verarbeiteten Materials in Betracht kommen. Zu den Echtheiten der ersteren Art gehören die Echtheit gegen das Carbonisieren, Schwefeln, Walken, Dekatieren, Krappen, ferner gegen heißes Wasser und Chlor, gegen das Mercerisieren und Überfärben, ferner das Verhalten beim Erhitzen auf höhere Temperatur, beim Färben aus kupfernen und anderen Metallgefäßen und schließlich das Egalisier- und Durchfärbevermögen. Zu den Echtheiten der zweiten Art gehören die Echtheit gegen Licht, Wäsche, Regen, Säuren, Alkalien, Schweiß, Straßenschmutz und Atmosphärilien, ferner das Verhalten beim Reiben, Bügeln und bei künstlicher Beleuchtung, die, wie bekannt, bei vielen Färbungen eine mehr oder minder erhebliche Änderung des Tones zur Folge hat (Abendfarbe).

Von den im vorstehenden Abschnitte genannten Echtheitsprüfungen sollen hier kurz nur die wichtigeren besprochen werden:

1. Durch das Carbonisieren sollen aus der Wolle diejenigen pflanzlichen Bestandteile entfernt werden, die bei der vorhergehenden mechanischen Bearbeitung in ihr verblieben sind. Man erreicht diesen Zweck dadurch, daß man die Wolle mit verdünnter Schwefelsäure von etwa 4—5° Bé durchtränkt, alsdann abwindet und etwa 2 Stunden bei 80—90° in einem trockenen Raum erhitzt. Hierdurch werden alle in der Wolle noch enthaltenen pflanzlichen Bestandteile verkohlt, so daß sie durch Ausklopfen entfernt werden können. Die Prüfung der Färbungen auf Carbonisierechtheit wird zweckmäßig diesem technischen Verfahren nachgebildet.

2. Unter Schwefeln versteht man die Behandlung der Wolle mit Schwefliger Säure ($SO_2$), und zwar geschieht dies sowohl mit Schweflig-Säure-Gas in besonders dazu eingerichteten Kammern, als auch mit wässeriger Schwefliger Säure, die z. B. durch Ansäuren von Bisulfitlösungen leicht erhalten werden kann. Durch das Schwefeln werden die in der Wolle enthaltenen färbenden Verunreinigungen, die durch bloße Behandlung mit Seife und Soda nicht entfernt werden können, in farblose Verbindungen übergeführt, die sich beim nachfolgenden gründlichen Spielen ziemlich vollkommen auswaschen lassen. Das Schwefeln erfolgt sowohl vor als auch nach dem Färben, was aber in vielen Fällen eine erhebliche Änderung des Farbentones zur Folge hat. Die Beständigkeit der Färbungen gegen diese Operation prüft man gleichfalls in engster Anlehnung an das in der Praxis übliche Verfahren des Schwefelns.

3. Das Walken ist eine mechanische Operation, durch die die wollenen Gewebe in Tuche übergeführt werden, und zwar infolge der durch das Walken bewirkten Verfilzung der einzelnen Wollfasern. Man unterscheidet, je nach dem ob man bei diesem Prozeß

Seife oder Säuren anwendet, die alkalische und die saure Walke. Durch die kräftige Einwirkung der Walkmaschine auf das Gewebe findet eine Erhöhung der Temperatur bis auf 30—40° statt, worauf bei der Walkprobe Rücksicht zu nehmen ist. Die alkalische Walkflüssigkeit enthält beträchtliche Mengen Seife, bei schwer walkenden Stoffen bis zu 100 g im Liter, bei gleichzeitiger Anwesenheit von etwas Soda.

Die saure Walke, die z. B. bei der Herstellung der Hutfilze Anwendung findet, wird mit einer etwa 1 %igen Schwefelsäure ausgeführt.

4. Das Dekatieren oder Dämpfen bezweckt, der Wolle einen schönen und dauerhaften Glanz zu verleihen, den sie weder in der Nässe noch beim Tragen der Kleider einbüßt. Auch hat das Dekatieren die Wirkung, daß die Tuche sich nicht so leicht rauh tragen. Meist wird das Dekatieren in der Weise ausgeführt, daß man das Tuch um einen Zylinder von Messing oder Kupfer wickelt, dessen Wandungen fein durchlöchert sind, und daß man heißen Wasserdampf vom Innern des Zylinders durch die feinen Öffnungen der Mantelfläche in das Innere der Tuche eindringen läßt. Bei der Dekaturprobe verfährt man in analoger Weise unter Anwendung eines Dampfes von etwa 2 Atm. Überdruck, den man 1/4 oder 1/2 Stunde auf die zu prüfende Färbung einwirken läßt.

5. Das Krappen (Crabben oder Kreppen) findet auf halbwollene Gewebe Anwendung um zu verhindern, daß das Gewebe infolge der ungleichmäßigen Zusammenschrumpfung ein gerunzeltes Aussehen erhält. Man bedient sich zum Krappen einer Maschine, in der die Gewebe in gespanntem Zustande mit kochendem Wasser, bisweilen auch mit verdünnter kochender Sodalösung behandelt werden.

6. Der Pottingprozeß steht etwa in der Mitte zwischen dem Walken und dem Krappen. Demgemäß wird die Prüfung auf Pottingechtheit — ebenso wie beim Walken oder Krappen in Gegenwart von mitverflochtener weißer Wolle oder Baumwolle — in der Weise ausgeführt, daß man die zu untersuchende Färbung mit kochendheißem Wasser durchwalkt.

7. Das Chloren besteht in der Behandlung der tierischen oder vorzugsweise der pflanzlichen Fasern mit verdünnten Lösungen von unterchlorigsauren Salzen (meist Chlorkalk) und bezweckt, ähnlich wie das Schwefeln der Wolle, die Entfernung fremder Verunreinigungen, sei es, daß diese in der zum Färben benutzten rohen Baumwolle noch enthalten waren, sei es, daß es sich um bunt gewebte oder um bedruckte Stoffe handelt, deren Weiß gelitten hat

und nun wieder in seiner ursprünglichen Reinheit hergestellt werden soll. In solchen Fällen sind natürlich nur solche Farbstoffe brauchbar, die bei der Behandlung mit Chlor keine oder nur eine sehr unwesentliche Veränderung ihres Tones erleiden. Man prüft die Chlorechtheit der Färbungen, entsprechend den in der Praxis eingehaltenen Verhältnissen, durch Einlegen in Chlorkalklösungen von $^1/_2$—2° Bé während 1—2 Stunden, worauf man wäscht, mit verdünnter Salz- oder Schwefelsäure absäuert, spült und trocknet.

8. Das Mercerisieren der Baumwolle besteht in der Behandlung derselben mit mäßig verdünnter Natronlauge, wodurch eine beträchtliche Zusammenziehung der Baumwollfaser bewirkt wird. Falls man das Zusammenziehen verhindert, d. h. in gespanntem Zustande mercerisiert, nimmt die Baumwolle den bekannten schönen seidenartigen Glanz an. Die Prüfung einer Färbung auf Mercerisierechtheit wird der eben erwähnten Behandlung der Baumwolle mit verdünnter NaOH angepaßt.

9. Von großer Bedeutung für die Baumwollfärbungen ist die Prüfung auf Säurekochechtheit oder Überfärbeechtheit. In der Halbwollfärberei ist es vielfach gebräuchlich, zunächst aus neutralem Bade die Baumwolle anzufärben und darauf aus schwach saurem Bade die Wolle. Ein derartiges Verfahren ist aber nur dann möglich, wenn die Baumwolle, beim Färben der Wolle, ihren Farbstoff nicht oder nur in ganz geringem Maße wieder abgibt. Um das Verhalten eines Farbstoffs in dieser Hinsicht zu prüfen, kocht man eine mit ihm auf Baumwolle erzeugte Färbung etwa zwei Stunden — wie üblich in Gegenwart von weißer Wolle und Baumwolle — in einem Bade, das auf 1 Liter 10 g Glaubersalz und 4 g Schwefelsäure enthält.

10. Die Lichtechtheit. Eine der wichtigsten Fragen bei der Beurteilung der technischen Brauchbarkeit eines Farbstoffes ist sein Verhalten gegenüber den zerstörenden Einwirkungen des Sonnenlichtes, die zum Verschießen oder Ausbleichen des Farbstoffes führen. Bekanntlich war es einer der größten Mängel, der den ersten, durch ihren leuchtenden Ton und ihre Farbkraft ausgezeichneten Vertretern der Teerfarbstoffe aus den 60er Jahren des vergangenen Jahrhunderts anhaftete, daß sie nicht lichtecht genug waren. Bis auf den heutigen Tag hat sich das Vorurteil erhalten, daß die Teerfarbstoffe und besonders gerade die mit einem leuchtenden und reinen Ton ausgestatteten, nicht lichtecht seien. Dieses Vorurteil ist durchaus unbegründet, wie schon oben ausgeführt wurde. Denn trotz der vielen tatsächlich unechten Farbstoffe gibt es eine genügende Anzahl von solchen, die allen Anforderungen an Lichtechtheit genügen.

Die Prüfung auf Lichtechtheit erfolgt in sehr einfacher Weise dadurch, daß man die zu untersuchende Färbung gleichzeitig mit einer Vergleichsfärbung von bekannter Echtheit, die ihr in Ton und Stärke möglichst nahe kommt und auf dem gleichen Fasermaterial sich befindet, längere Zeit hindurch dem Sonnenlichte aussetzt, und zwar pflegt man einen Teil der Ausfärbung durch ein undurchsichtiges Stück Holz oder Pappe zu verdecken, um den Unterschied zwischen der belichteten und der ursprünglichen, unbelichteten Färbung sich jederzeit vergegenwärtigen zu können. Da Glas einen großen Teil der ultravioletten Strahlen, die auf die meisten Farbstoffe besonders kräftig einwirken, absorbiert, so empfiehlt es sich, wenn man besonders genau die Wirkung des Sonnenlichtes feststellen will, die Färbung im Freien zu belichten, dann aber möglichst geschützt gegen Staub und Rauch.

11. Der Lichtechtheit an Wichtigkeit gleich steht in vielen Fällen die Waschechtheit. Dies gilt besonders natürlich für solche Färbungen, die häufiger Wäsche ausgesetzt zu werden pflegen. Die Prüfung auf Waschechtheit gestaltet sich, entsprechend den wesentlich verschiedenen Eigenschaften von Wolle und Baumwolle, für tierische Fasern abweichend von der für pflanzliche Fasern. Wolle ist bekanntlich gegen Seifenlösungen, besonders wenn dieselben noch einen Zusatz von Soda enthalten, in der Hitze außerordentlich empfindlich, und man wird daher bei der Prüfung der Waschechtheit von Wollfärbungen eine Temperatur des Bades von etwa 40° C nicht zu überschreiten brauchen. Die Mengen von Seife und Soda sind schwankend. Als normal kann man einen Gehalt von 5 g Schmierseife und 3 g Soda im Liter ansehen. In diese Lösung wird die Wolle $^1/_2$—1 Stunde hindurch eingelegt und des öfteren durchgearbeitet, dann gespült und getrocknet. Verschärft wird diese Probe dadurch, daß man sie wiederholt. Auch empfiehlt es sich, hier wie auch sonst, durch Verflechtung der gefärbten Wolle mit weißer Wolle und Baumwolle, eventuell auch Seide, festzustellen, ob ein Anbluten der ungefärbten Ware stattfindet. Durchaus echte Färbungen dürfen weder an das Bad noch an die mitverflochtene weiße Ware Farbstoff abgeben, noch eine Änderung des Tones erleiden.

Baumwolle ist gegen heiße Seifen- und Sodalösung unempfindlich, und man unterscheidet daher verschiedene Grade der Echtheit: 1. Echtheit gegen die Handwäsche; 2. Echtheit gegen die Hauswäsche und 3. Echtheit gegen kochende Seife. Der Gehalt des Bades an Seife schwankt zwischen 5 und 10 g im Liter. Vielfach setzt man dem Bade noch 3 g Soda im Liter hinzu. Bei der Handwäsche beträgt die Temperatur 30—40°, bei der Hauswäsche etwa 60° und von besonders echten Farbstoffen verlangt man, daß sie ein 1—2 stündiges Kochen aushalten, ohne daß das Bad oder die mitgewaschene weiße Baumwolle angefärbt wird. Auch hier kann die Probe verstärkt werden dadurch, daß man die Wäsche wiederholt.

12. Bei der Wasserechtheit handelt es sich im vorliegenden Falle lediglich um die Echtheit gegen kaltes Wasser, da die Echtheit gegen heißes Wasser bereits oben unter 5. und 6. (Echtheit gegen den Krapp- und Pottingprozeß) besprochen wurde. Daß Färbungen gegen Wasser unter Umständen sehr empfindlich sind, obwohl sie doch mittels einer wässerigen Farbstofflösung erzeugt wurden, erklärt sich nach dem früher Gesagten (s. S. 90) auf sehr einfache Weise dadurch, daß dem reinen Wasser die Zusätze fehlen, die beim Färben eine so außerordentlich wichtige Rolle spielen, indem sie das Gleichgewicht in ganz bestimmter Weise, nämlich zugunsten einer möglichst vollkommenen Erschöpfung der Bäder beeinflussen. Fehlen diese Zusätze, d. h. legt man die Färbungen 10—12 Stunden in reines Wasser, so wird jenes Gleichgewicht verschoben, und diese Verschiebung macht sich bei wasserunechten Farbstoffen durch das Anfärben des Bades und des mitverflochtenen weißen Stoffes bemerkbar. Stoffe, die den Unbilden der Witterung, Regen, Schnee und Nebel, häufig ausgesetzt sind, also insbesondere Kleiderstoffe, sollten wasserecht gefärbt sein, was aber vielfach nicht der Fall zu sein pflegt, insbesondere nicht bei Baumwollfärbungen.

13. Die Säureechtheit läßt sich in sehr einfacher Weise feststellen: Man benutzt sowohl 10%ige Schwefelsäure und konzentrierte Salzsäure als auch wesentlich schwächere Säuren, wie Essigsäure von 10° Bé und Salzsäure von 3° Bé. Starke Säuren kommen, wenn überhaupt, so nur für Wolle in Betracht. Da Wolle sich mit Säure nur langsam netzt, so empfiehlt es sich, die Wolle in die Säure einige Zeit einzulegen, bis sie vollkommen durchtränkt ist. Bei Baumwolle genügt einfaches Betüpfeln.

14. Die Alkaliechtheit bildet das Gegenstück zur Säureechtheit. Zu ihrer Feststellung benutzt man teils eine etwa 10%ige Sodalösung, teils eine starke Salmiakgeistlösung. Auch hier empfiehlt sich für Wolle statt des bloßen Betupfens ein kurzes Einlegen in das Soda- oder Ammoniakbad, worauf man ausdrückt und ohne zu spülen eintrocknen läßt. Bezweckt die Alkaliprobe die Feststellung der sogen. Straßenschmutzechtheit, so wendet man als alkalisches Mittel dünnen Kalkbrei an, mit dem man die vorher genetzte

Färbung betupft, worauf man gleichfalls eintrocknen läßt und schließlich abbürstet.

15. Bezüglich der Schweißechtheit sind die Meinungen noch nicht vollkommen geklärt. Während man früher die Schweißechtheit lediglich mit Hilfe stark verdünnter Säuren (Essigsäure von 2—3° Bé) prüfte, ist man in letzter Zeit zu der Überzeugung gelangt, daß in vielen Fällen der menschliche Schweiß auch eine alkalische Reaktion besitzen kann. Demgemäß wird empfohlen, neben der Essigsäure auch ganz verdünnte Ammoniaklösungen bei mäßiger Wärme auf die Färbung einwirken zu lassen, indem man sie z. B. mit einer solchen Lösung tränkt und zwischen zwei Lagen weißer Baumwolle bügelt. Am sichersten gelangt man zu einem brauchbaren Ergebnis, wenn man die Färbung in einer den praktischen Verhältnissen möglichst nahekommenden Form der Einwirkung menschlichen Schweißes aussetzt, zur Not auch dadurch, daß man, wie dies von anderer Seite vorgeschlagen wurde, die Färbung unter den Sattel eines scharf gerittenen Pferdes legt.

16. Die Reibechtheit ist deshalb von praktischem Interesse, weil reibunechte Färbungen, wie schon auf S. 27 angedeutet, in Berührung mit andersfarbigem oder ungefärbtem Material zu sehr unliebsamen Erscheinungen Anlaß geben können, besonders dann, wenn es sich um menschliche Kleidungsstücke handelt, die in solchen Fällen eine erhebliche Einbuße an ihrer Schönheit erleiden können, oder um Gespinste, die beim Verweben durch Abrußen des reibunechten Farbstoffes angeschmutzt werden. Bei der Feststellung der Reibechtheit verfährt man in der Weise, daß man mit dem gefärbten Stoffe etwa zwanzigmal auf glatter Leinwand oder auf unappretierter Baumwolle oder auf rauhem weißen Papier hin und herfährt. Hierbei darf ein Anschmutzen nicht stattfinden.

Zum Schluß noch einige Worte über die Giftigkeit der Teerfarbstoffe. Ein ähnliches Vorurteil wie bezüglich der Echtheit hat Jahrzehnte hindurch auch bezüglich der Giftigkeit der Teerfarbstoffe (der „Anilinfarben“, wie sie auch heute noch kurzweg genannt werden, obwohl sie meist gar nicht vom Anilin abstammen) bestanden, derart daß mit dem Begriffe „Anilinfarben“ die Vorstellung von Giftigkeit und Unechtheit regelmäßig verknüpft zu werden pflegte. Dieses Vorurteil war nicht unbegründet zu einer Zeit, als man sich zur Herstellung z. B. des Anilinrots der Arsensäure bediente, wobei es wohl vorgekommen sein mag, daß geringe Mengen von Arsen in den Farbstoff und mit ihm auf das Gewebe gelangten, das für die Herstellung menschlicher Bekleidungsstücke bestimmt war. Das sogen. Arsensäureverfahren zur Erzeugung von

Anilinrot oder Fuchsin ist aber schon sehr frühzeitig verlassen und durch das Coupiersche Nitrobenzolverfahren ersetzt worden, das die Herstellung eines durchaus ungiftigen Fuchsins ermöglichte. Anilin selbst ist, innerlich eingenommen, ein starkes Gift, daneben aber auch bekanntlich ein sehr wirksames Fiebermittel und wurde deshalb in Form seiner Acetylverbindung, $C_6H_5 \cdot NH \cdot CO \cdot CH_3$, unter dem Namen „Antifebrin" besonders in früheren Jahren wegen seiner Billigkeit vielfach als Antipyretikum verwendet. Giftig sind auch einige Nitrofarbstoffe, wie z. B. die Pikrinsäure (Trinitrophenol) und in geringem Maße das Martius- oder Naphtolgelb (2,4-Dinitro-$\alpha$-naphtol), während das Naphtolgelb S (die 2,4-Dinitro-$\alpha$-naphtol-7-sulfonsäure) als ungiftig gelten darf.

Auch unter den Azofarbstoffen sind einzelne und zwar solche, die keine Sulfogruppen enthalten, als mehr oder minder giftig erkannt worden. Die weit überwiegende Mehrzahl aber ist vollkommen harmlos. Die basischen Farbstoffe sind vielfach durch bemerkenswerte antiseptische Eigenschaften ausgezeichnet, d. h. durch die Fähigkeit entwicklungshemmend auf Mikroorganismen (Bakterien) einzuwirken. Dies gilt z. B. für das Auramin, das Methylviolett, das Methylenblau, das Phosphin (ein Akridinderivat) und andere. Heute finden wohl nur noch das Auramin (s. S. 76) und das Methylviolett, ein Alkylderivat des Fuchsins, unter dem Namen Pyoctaninum aureum und Pyoctaninum coeruleum eine beschränkte pharmazeutische Verwendung. Von geschichtlichem Interesse ist die Tatsache, daß der Indigo, der König der Farbstoffe, im Altertum vielfach als Heilmittel benutzt wurde; er besitzt allerdings, wenn auch nur in sehr geringem Maße, antiseptische Eigenschaften, von denen man aber heute keinen Gebrauch mehr macht.

# Register.

a) Kessel zur Überführung von Phenol in Paraphenolsulfonsäure.
b) Wanne zur Neutralisation der Sulfonierung.
c) Bütte zur Darstellung der Benzol-azo-p-Phenolsulfonsäure aus Diazobenzol und Paraphenolsulfonsäure.
d) Bütte zur Diazotierung des Anilins.
e) Filterpresse für den Farbstoff.
f) Druckkessel zur Äthylierung.
g) Zentrifuge zur Isolierung des Natronsalzes der Benzol-azo-p-Phenetolsulfonsäure.
h) Reduktionsgefäß für den äthylierten Farbstoff.
i) Bütte zur Behandlung der Reduktion mit Säure.
k) Saugfilter zur Gewinnung der Diaminoäthoxydiphenylsulfonsäure.
l) Autoklav zur Abspaltung der Sulfogruppe und Bildung von Diaminoäthoxydiphenyl.

m) Rührkessel zum Verschmelzen der β-Naphtylamindisulfonsäure mit Ätznatron.
n) Neutralisationsgefäß für die Natronschmelze.
o) Filterpresse für die ausgefällte Aminonaphtol-γ-sulfonsäure.
p) Bütte zur Diazotierung des Diaminoäthoxydiphenyls.
q) Lösegefäß für die γ-Aminonaphtolsulfonsäure.
r) Bütte zur Bildung des Diaminschwarz B.
s) Montejus.
t) Filterpresse.

BUCHERER, Mineral-, Pflanzen- und Teerfarben.

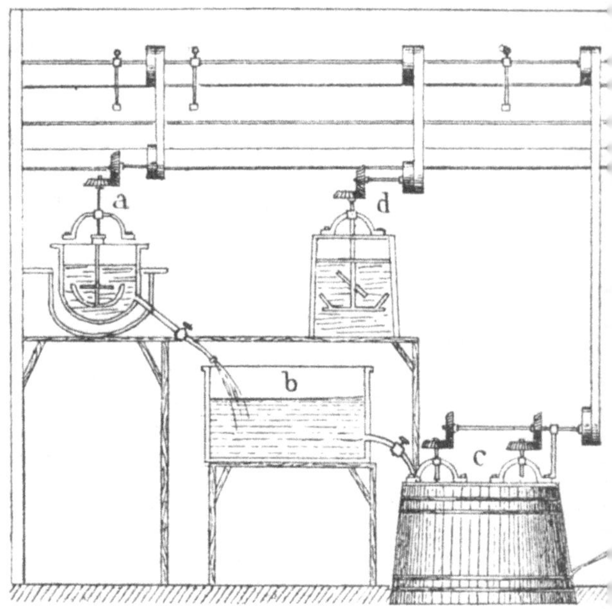


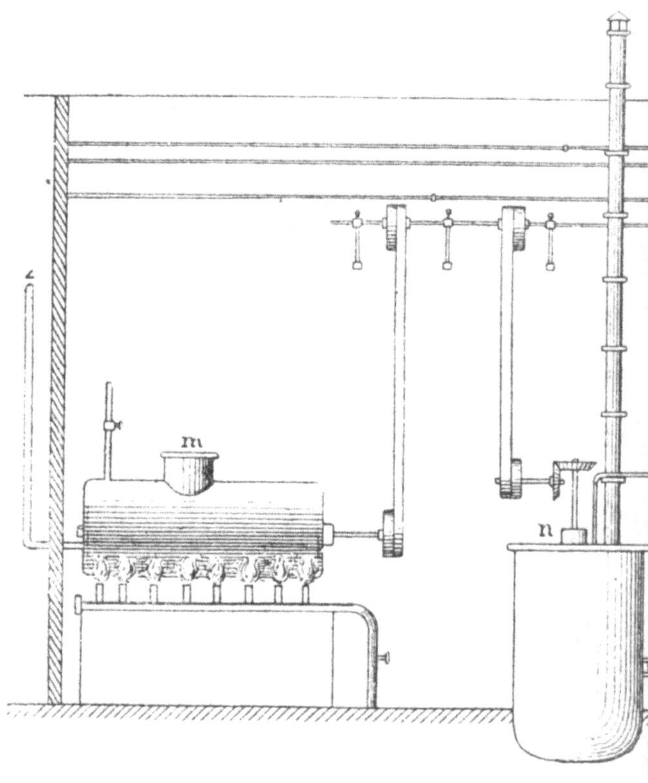

Fabrikation von **Diaminschwarz B,**

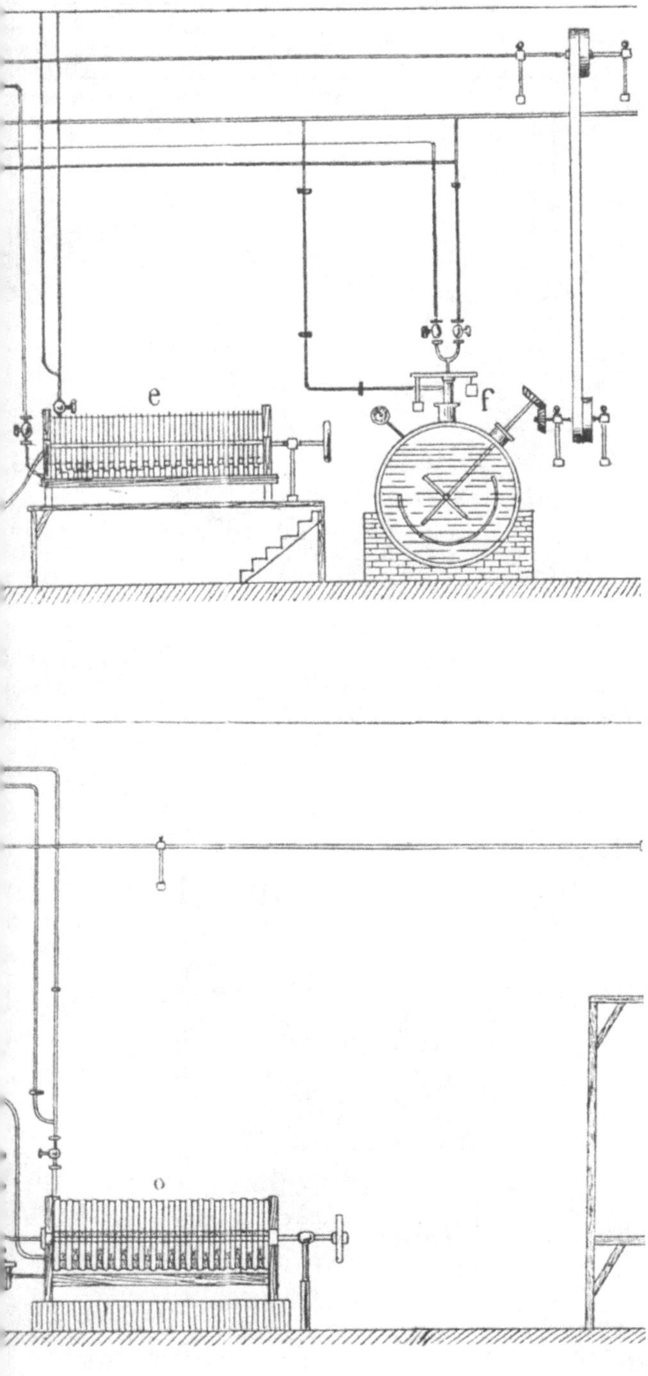


Verlag von VEIT

D.-R.-P. Nr. 55648. Leopold Cassella & Co.

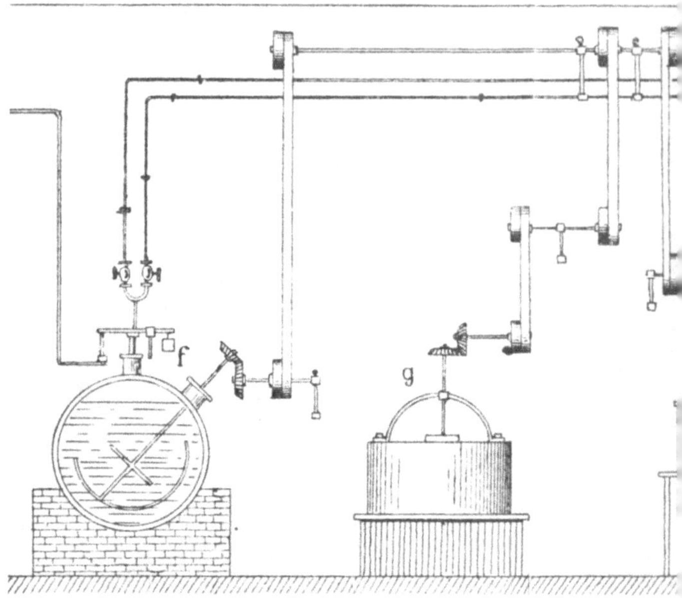


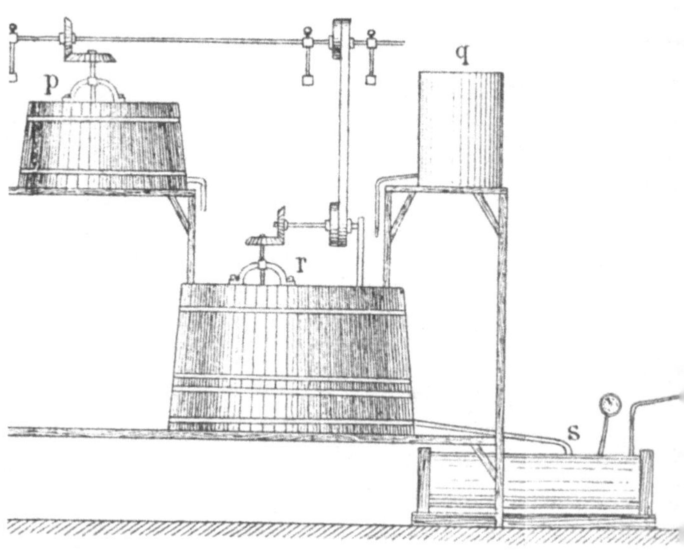


& COMP. in Leipzig.

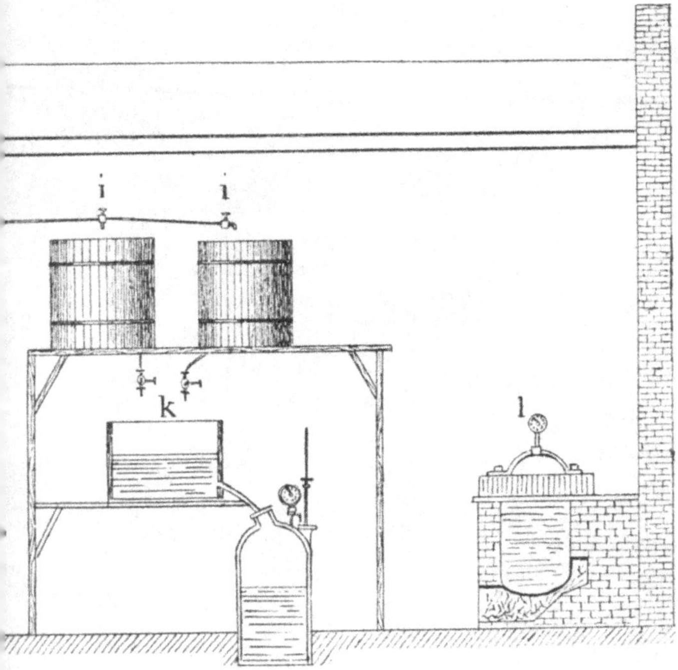
i
i
k
l

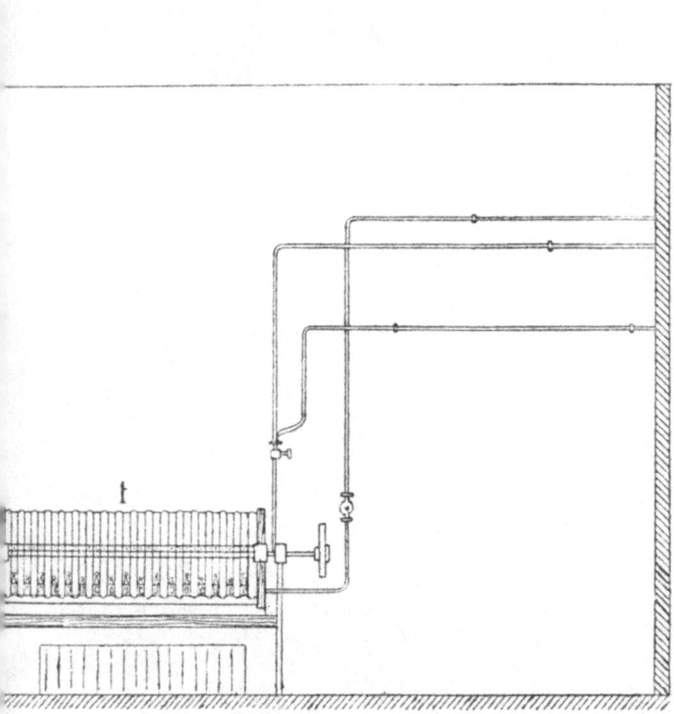
t

a) Kessel für Naphtalinsulfonierung.
b) Holzbütte zur Ausfällung des Natronsalzes der β-Naphtalinmonosulfonsäure.
c) Montejus für Filtration.
d) Filterpresse.
e) Trockenraum für Naphtalinsalz.
f) Mühle zum Zerkleinern des Naphtalinsalzes.
g) Kessel zur Verschmelzung des β-naphtalinsulfonsauren Natrons mit Ätznatron.
h) Salzsäuregefäße.
i) Reservoir zur Ausfällung des β-Naphtols mit Salzsäure.
k) Schornstein zur Abführung von Schwefliger Säure.
l) Pumpe für die Filtration von β-Naphtol.
m) Filterpresse für β-Naphtol.
n) Doppelkessel für Naphtolsulfonierung.
o) Montejus zum Verdünnen der Sulfonierung.
p) Bütte zur Absättigung mit Kalk.
q) Filterpresse für Calciumsulfat.
r) Wanne zum Eindampfen der Natronsalze der β-Naphtoldisulfonsäure R und der β-Naphtoldisulfonsäure γ.
s) Kristallisation für R-Salz.
t) Zentrifuge zur Trennung des R-Salzes von den Mutterlaugen.
u) Wanne zum Eindampfen der Mutterlaugen.
v) Kristallisationsgefäße für γ-Salz.
w) Zentrifuge zur Abscheidung des γ-Salzes.
x) Autoklav zur Überführung des γ-Salzes in Naphtylamindisulfonsäure.

a) Bütte zur Diazotierung der β-Naphtylamindisulfonsäure.
b) Bütte zum Auflösen von α-Naphtylamin.
c) Bütte für die Bildung von Aminoazonaphtalindisulfonsäure und zur Diazotierung derselben.
d) Bütte für die Kombination des Diazoazokörpers mit R-Salz.
e) Bütte zur Herstellung von R-Salzlösung.
f) Doppelpumpe.
g) Filterpresse für das fertige Naphtolschwarz.
h) Wagen zur Beförderung des feuchten Farbstoffs in die Trockenkammer.
i) Trockenkammern.
k) Mühle zum Pulverisieren des trockenen Farbstoffs.

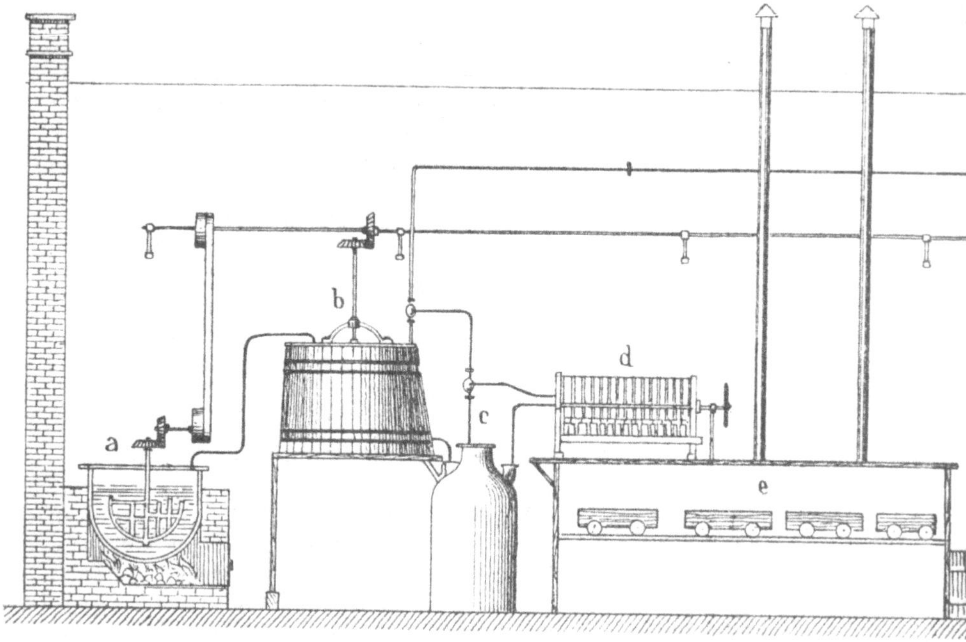
a
b
c
d
e

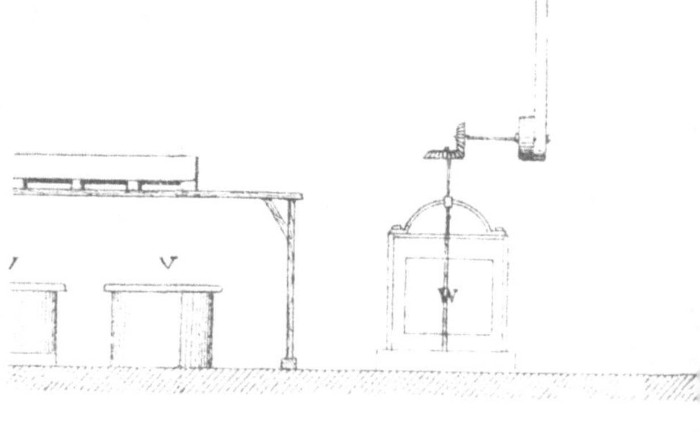
v
w

## Fabrikation von **Naphtolschwarz B,**

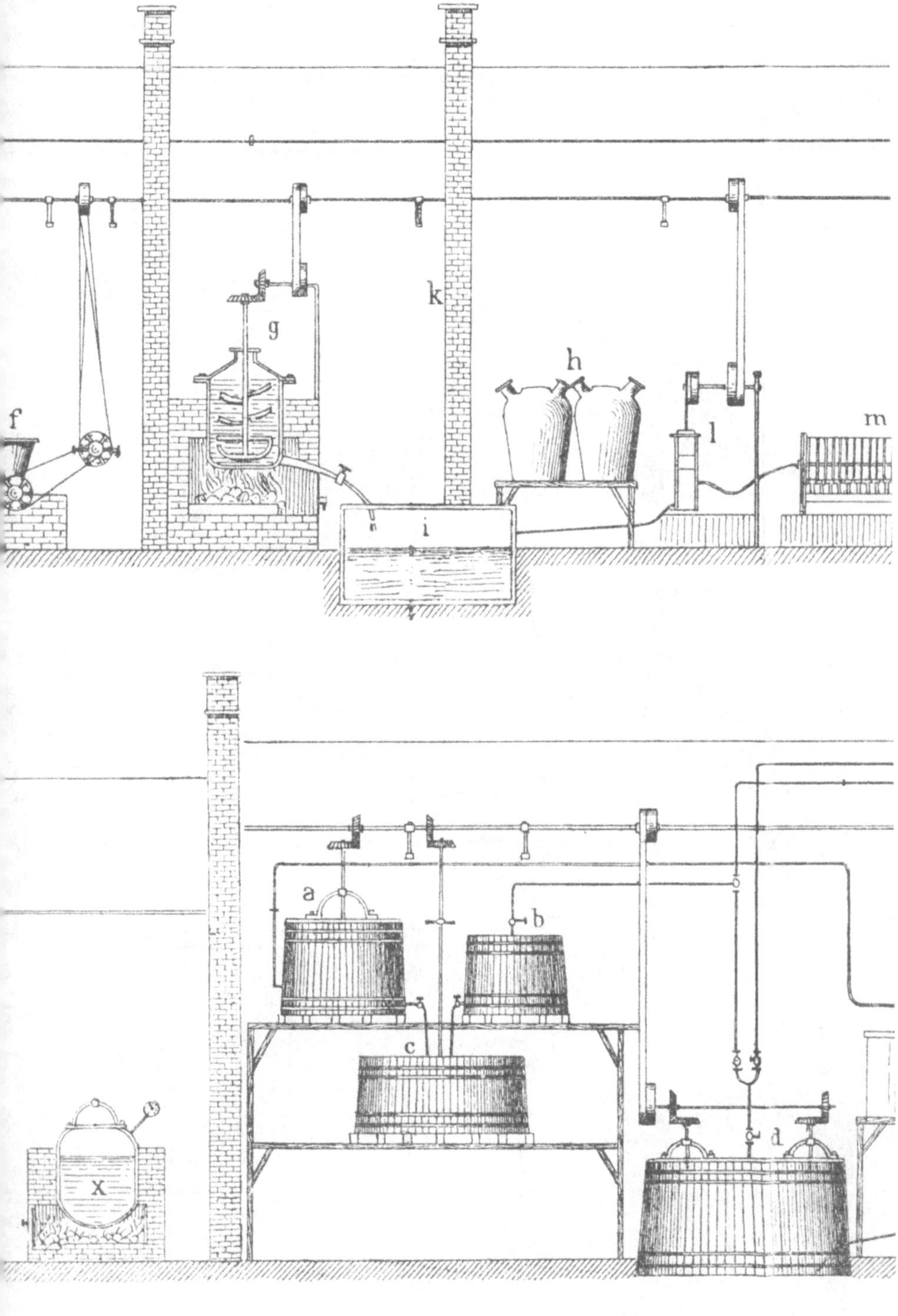


Verlag von VEIT

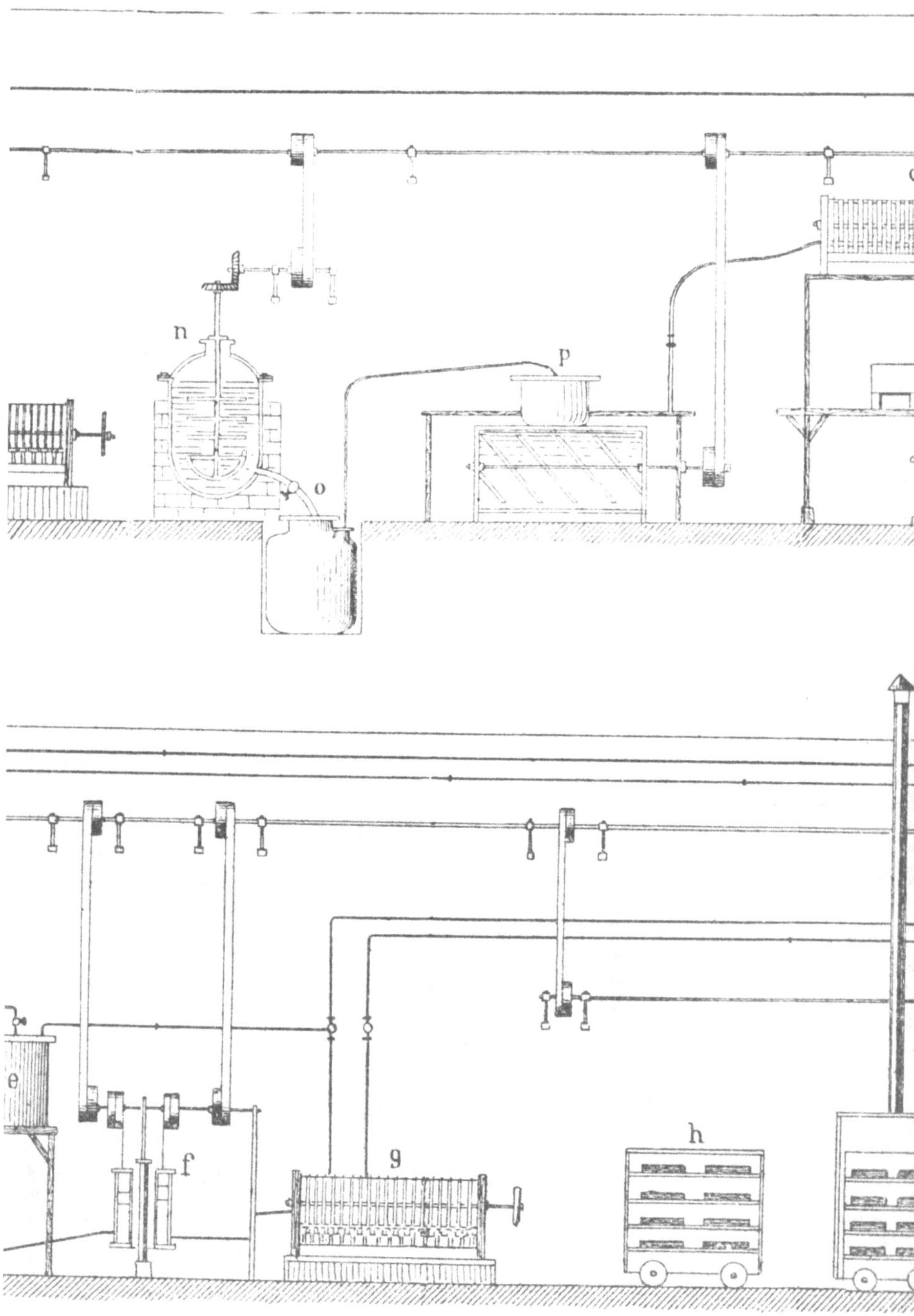


& COMP. in Leipzig.

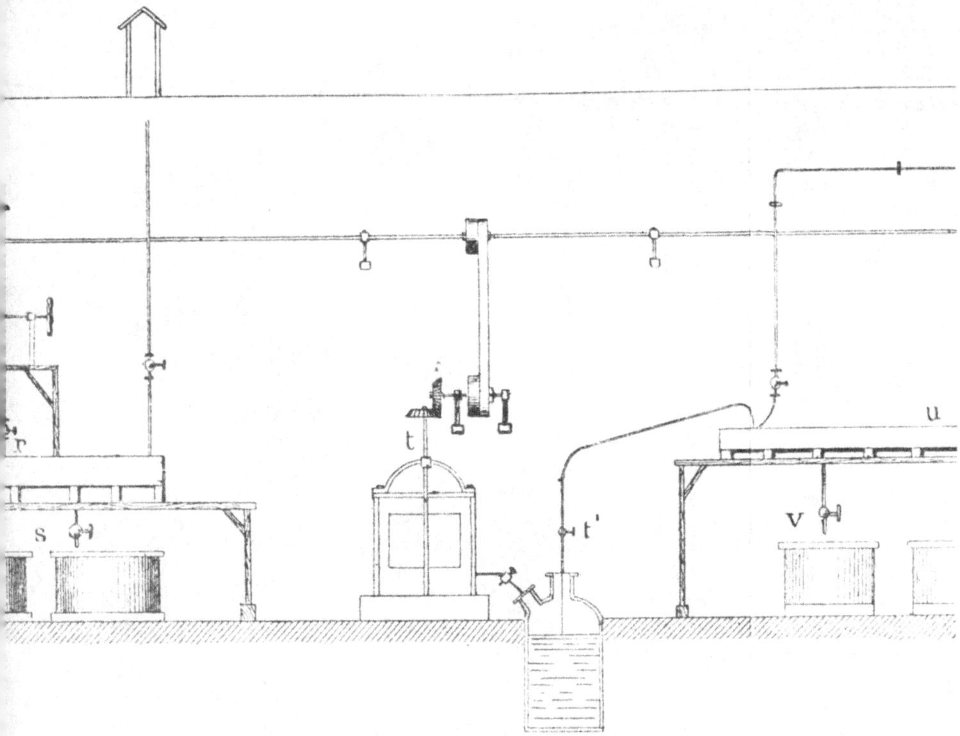
r
s
t
t'
u
v

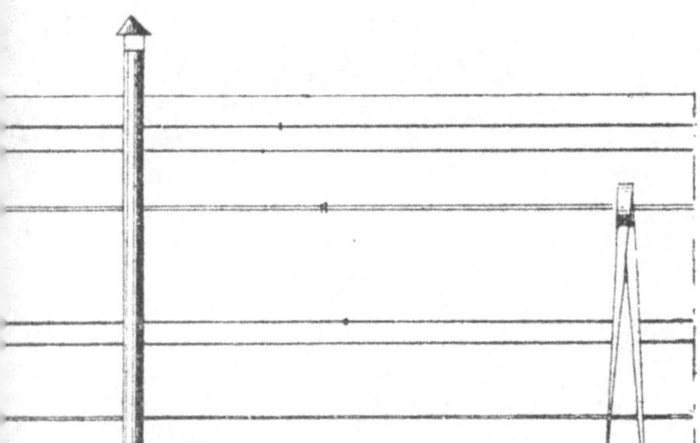
i
k

a) Autoklav für Disulfonierung von Benzol.
b) Kühler für übergehendes Benzol.
c) Gefäß zur Sättigung der Sulfonierung mit Kalk.
d) Filterpresse für Calciumsulfat.
e) Montejus zur Beförderung der Lösung in die
f) Eindampfgefäße.
g) Doppelpfannen zur vollständigen Eintrocknung.
h) Mühle zum Pulvern des trocknen Salzes.
i) Kessel für Ätznatronschmelze.
k) Steintrog zur Neutralisation der Schmelze mit Salzsäure.
l) Apparat zur Extraktion des Resorcins mit Amylalkohol.
m) Scheidegefäße.
n) do.
o) Kessel zum Abdestillieren des Amylalkohols.
p) Montejus.
q) Pumpe } für Wiedergewinnung von Amylalkohol.
r) Scheidegefäße }
s) Destillationskessel für Resorcin.

t) Kühler.
u) Kessel für das destillierte Resorcin.
v) Formen.
w) Autoklav zur Kondensation von Resorcin mit Anilin zu Diphenyl-m-Phenylendiamin.
x) Bütte zum Auswaschen der Schmelze.
y) Filter.

a) Autoklav für Fabrikation von Dimethylanilin.
b) Destillationsgefäß für Dimethylanilin.
c) Scheidegefäße.
d) Emaillierter Kessel zur Darstellung von Nitrosodimethylanilin.
e) Montejus.
f) Filterpresse.
g) Kessel für Kondensation von Diphenyl-m-Phenylendiamin mit Nitrosodimethylanilin.
h) Bütte zur Auflösung und Ausfällung des Farbstoffs.
i) Filter.
k) Reservoir.
l) Rührgefäß zum Umlösen des Rohfarbstoffs.
m) Filterpresse.
n) Bütte zum Ausfällen des reinen Indazins.
o) Filter.

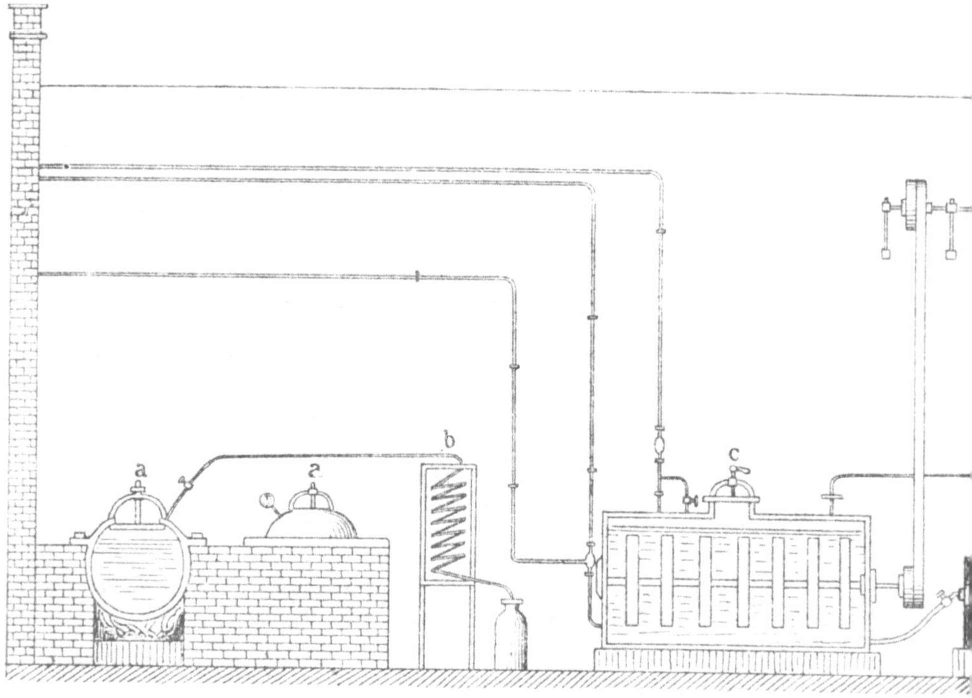
a
a
b
c

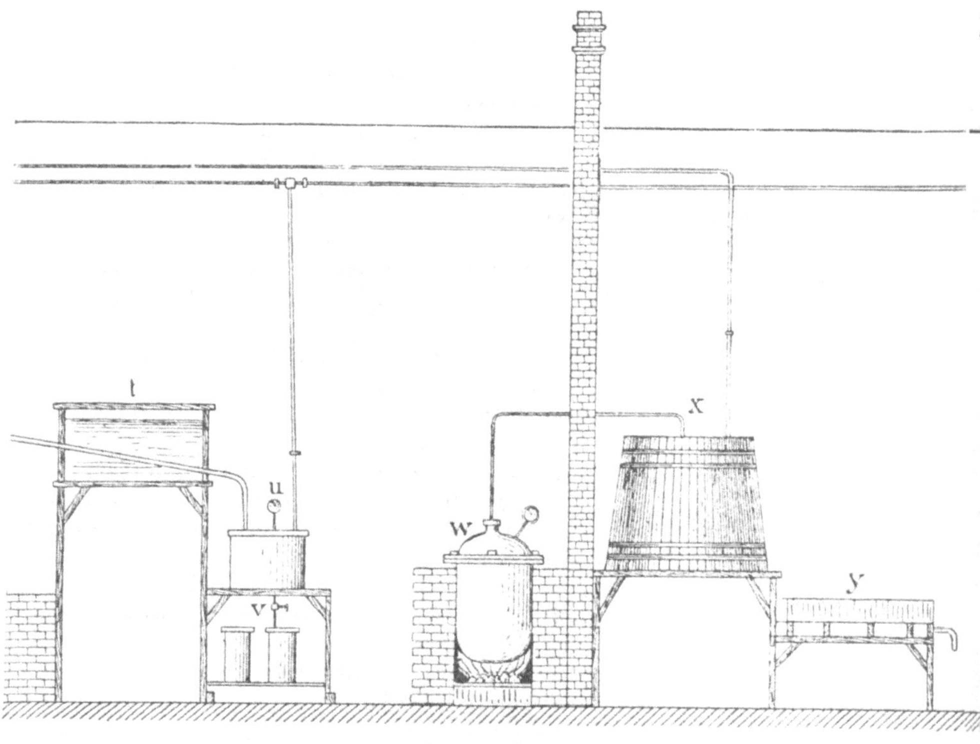
t
u
v
w
x
y

# Fabrikation von **Indazin,** D.R.P.

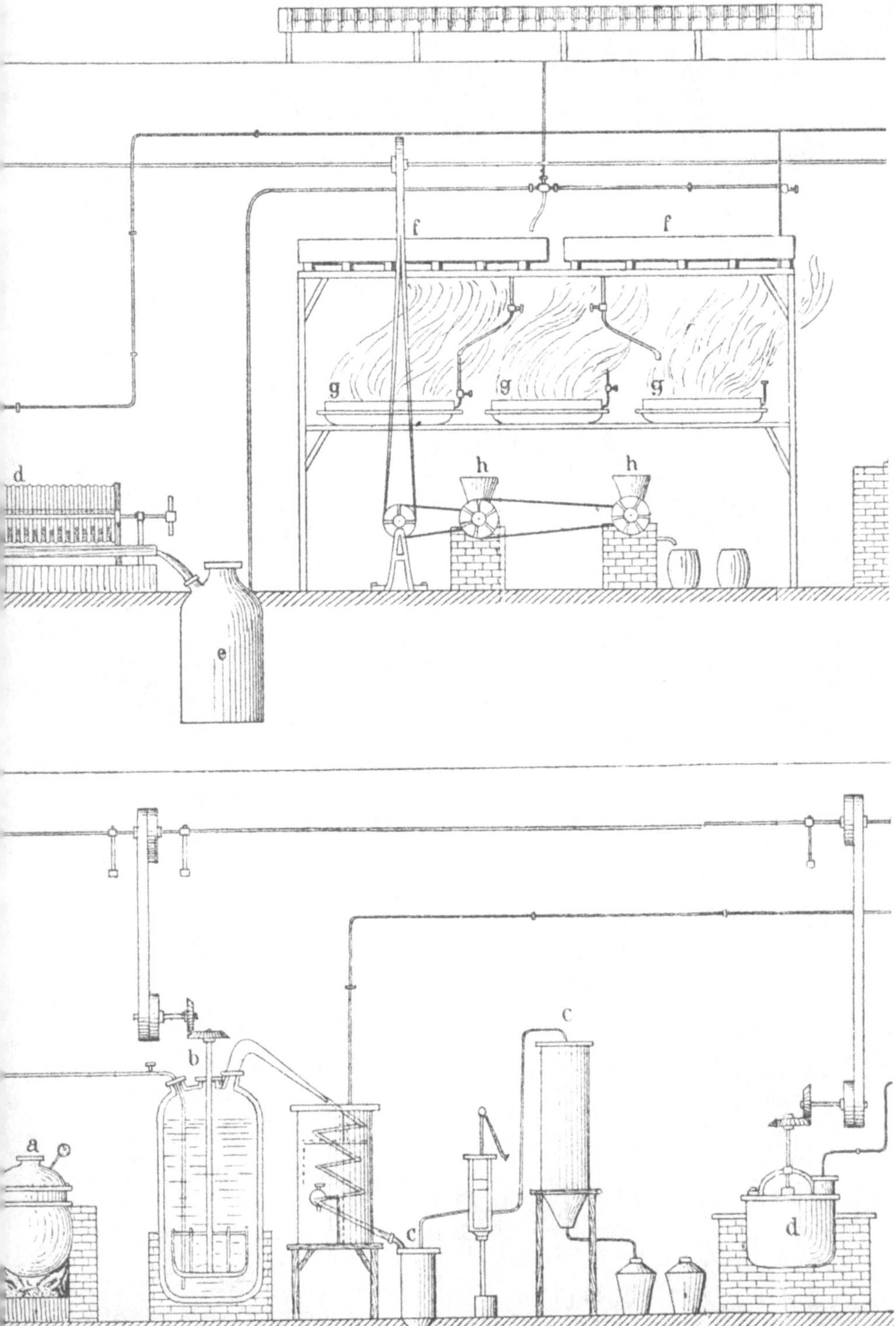


Verlag von VEIT

Nr. 47549. Leopold Cassella & Co.

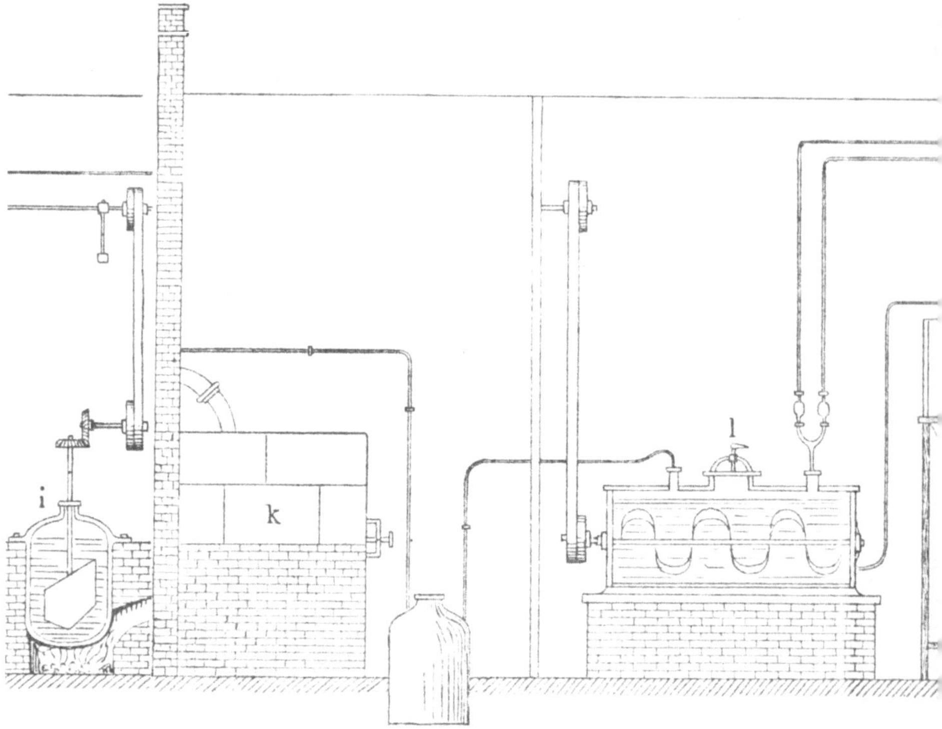


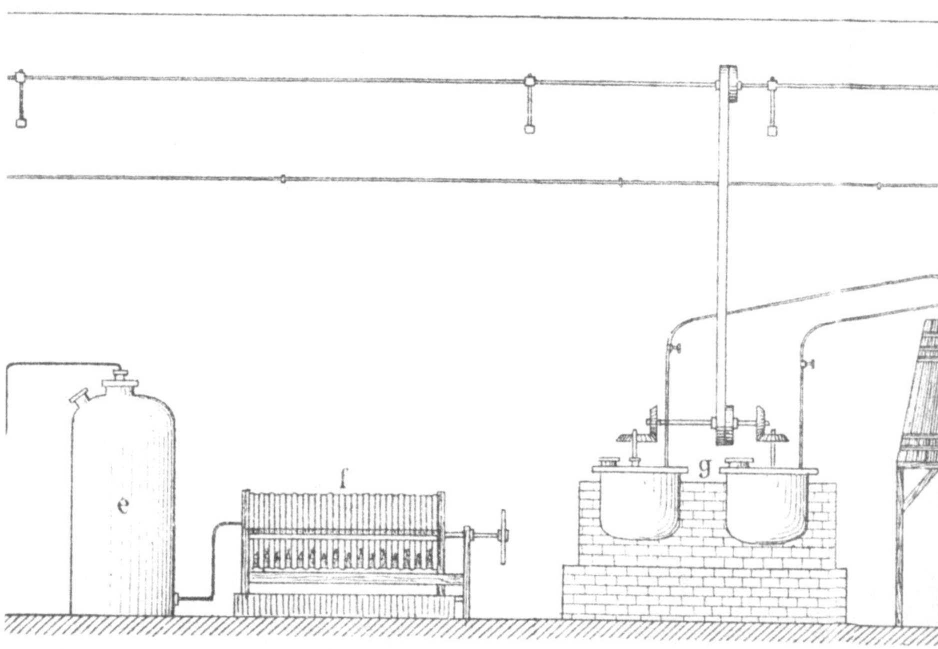


& COMP. in Leipzig.

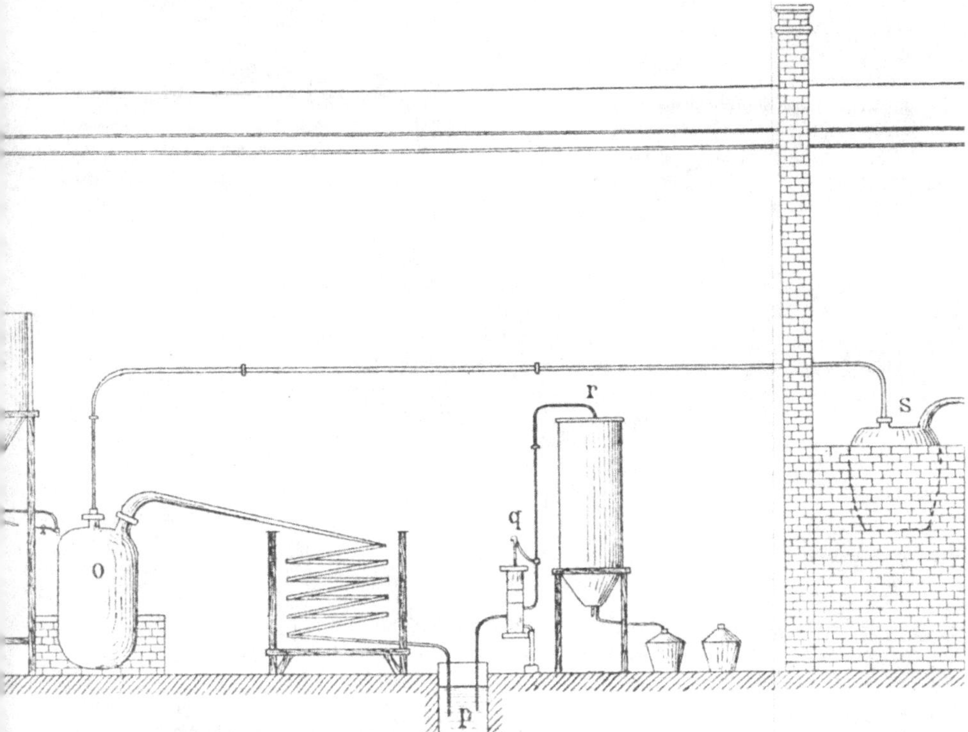
o
q
r
s
p

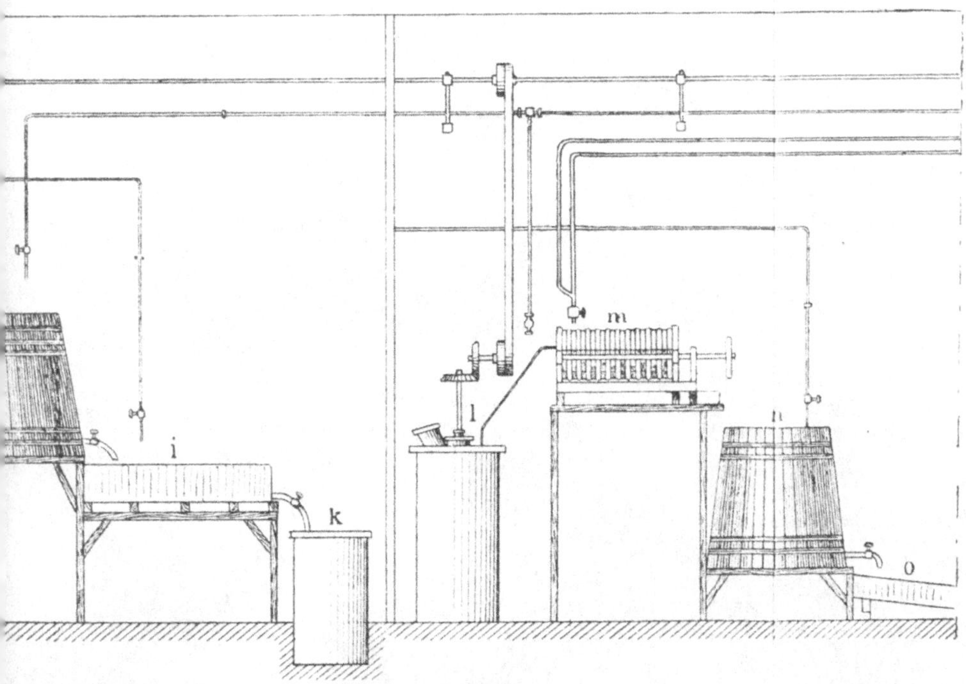
m
l
n
i
k
o

a) Flüssiges Chlor.
b) Tongefäße zum Chlorieren des erhitzten Toluols.
c) Chlorcalciumbad.
d) Kondensationsturm für Salzsäure.
e) Kessel zur Umwandlung von Benzylchlorid in Benzaldehyd.
f) Scheidegefäße für Benzaldehyd.
g) Destillationseinrichtung für Benzaldehyd.
h) Rührkessel zum Nitrieren des Benzaldehyds.
i) Ausfällung des Nitrobenzaldehyds.
k) Gefäße zur Reduktion des Nitrobenzaldehyds.
l) Bütte für Zinn-Regeneration.
m) Saugfilter.
n) Montejus.
o) Bütte zur Diazotierung des Aminobenzaldehyds und Überführung in m-Oxybenzaldehyd.
p) Kristallisationsgefäße für Oxybenzaldehyd.
q) Zentrifuge für Oxybenzaldehyd.

a) Rührkessel zur Herstellung von Nitrotoluol.
b) Trennung des rohen Nitrotoluols von den sauren Wässern.
c) Rotationszylinder zum Kühlen für die Trennung von Para- und Orthonitrotoluol.
d) Wasserdampf-Destillationsapparat für Orthonitrotoluol.
e) Reduktionskessel zur Gewinnung von Orthotoluidin.
f) Destillationsapparat für Orthotoluidin.
g) Scheidegefäße.
h) Autoklav zur Überführung von Orthotoluidin in Monoäthylorthotoluidin.
i) Kessel zur Kondensation von Oxybenzaldehyd mit Monoäthylorthotoluidin.
k) Gefäß zum Abdestillieren unverbrauchten Äthyltoluidins.
l) Filter für m-Oxyphenyldiäthyldiaminoditolylmethan.
m) Sulfonierungskessel.
n) Bütte zur Verdünnung der Sulfonierung und Oxydation der m-Oxyphenyldiäthyldiaminoditolylmethandisulfonsäure.
o) Filterpresse für Bleisulfat.
p) Neutralisation und Abscheidung des Farbstoffs mit Kochsalz.
q) Pumpe.
r) Filterpresse für das fertige Cyanol.

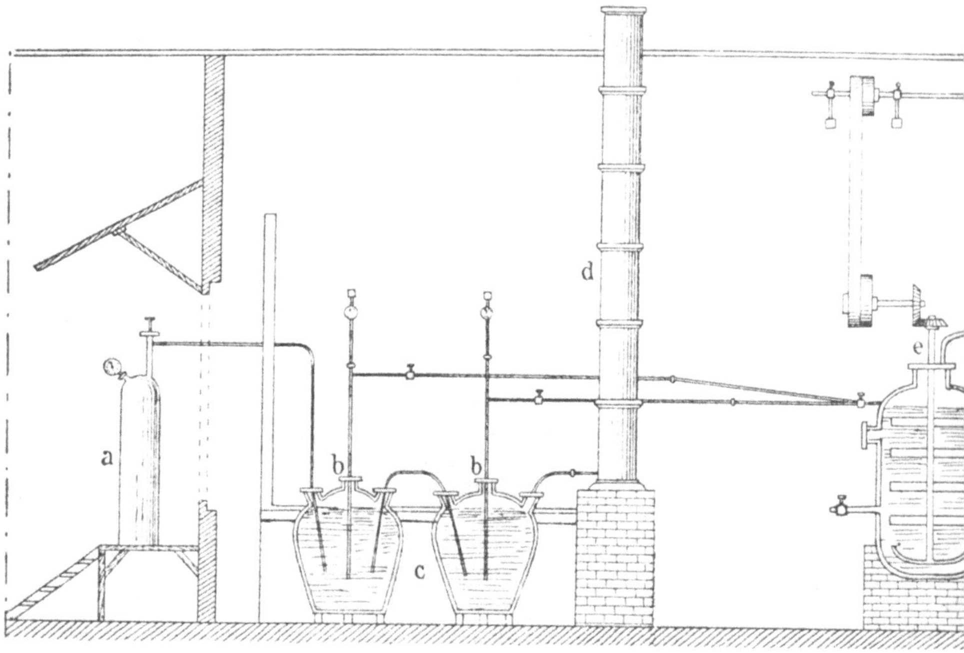
a
b
b
c
d
e

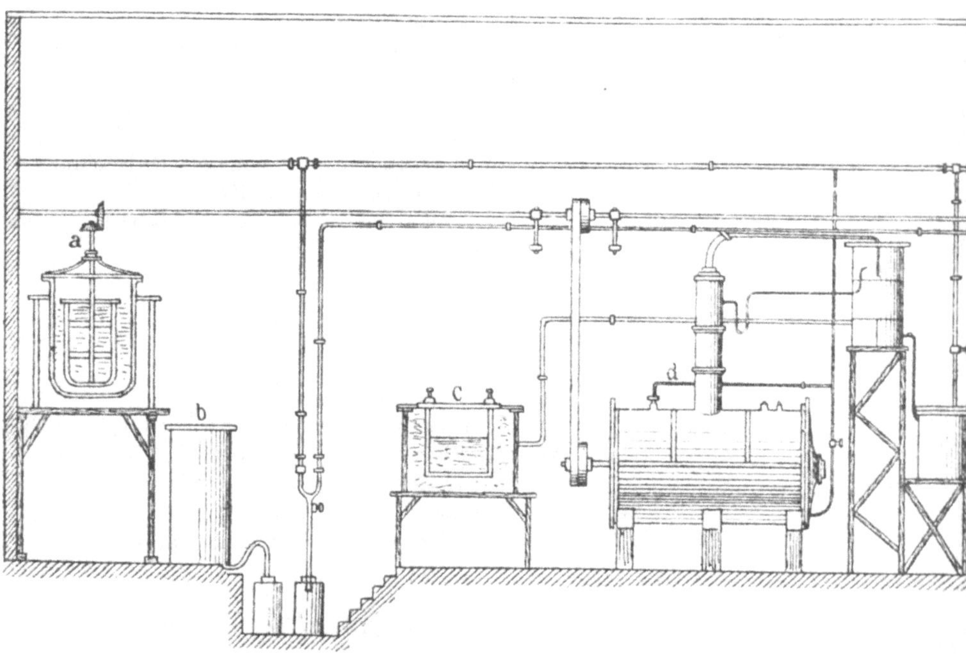
a
b
c
d

# Fabrikation von **Cyanol**, D.R.P.

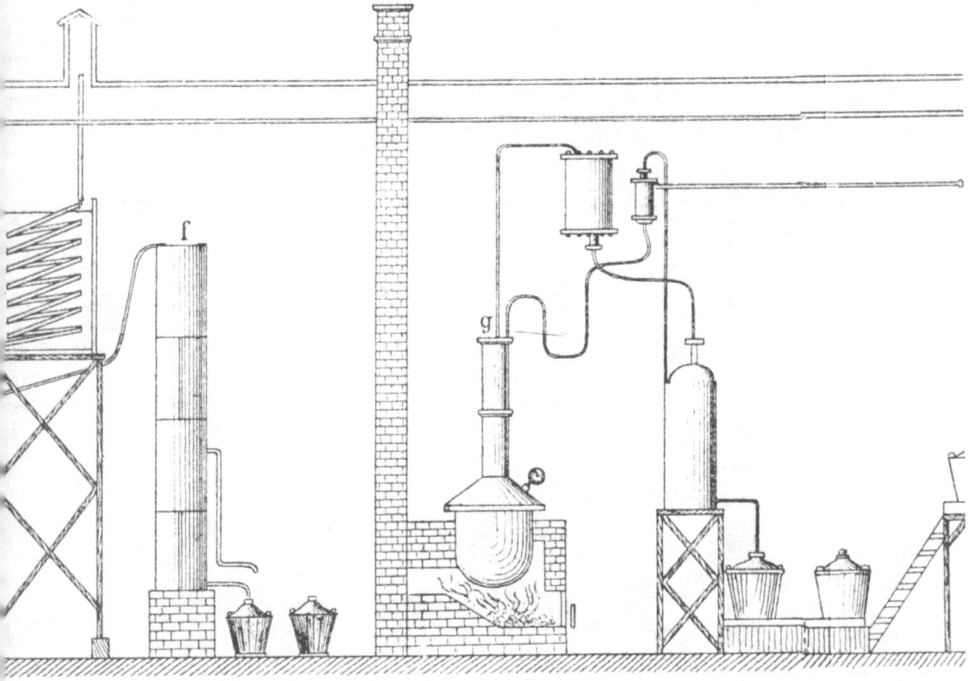


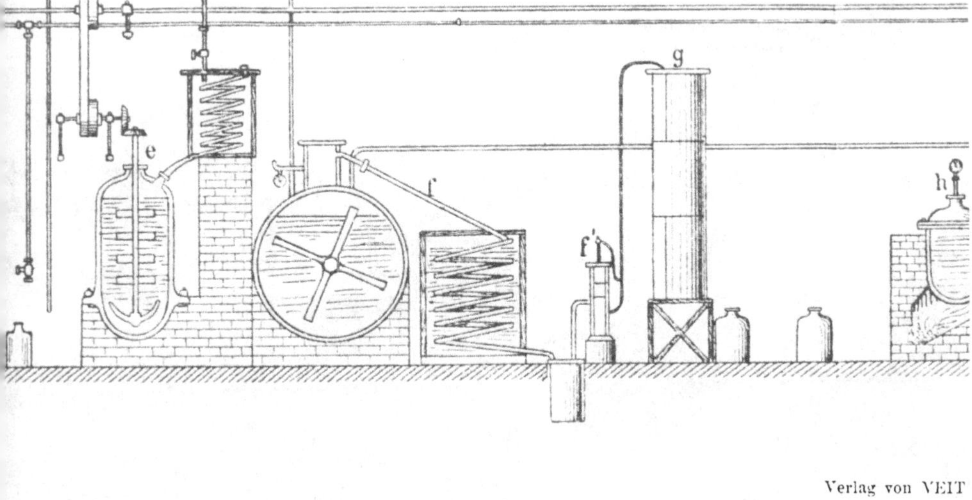


Verlag von VEIT

Nr. 73717. Leopold Cassella & Co.

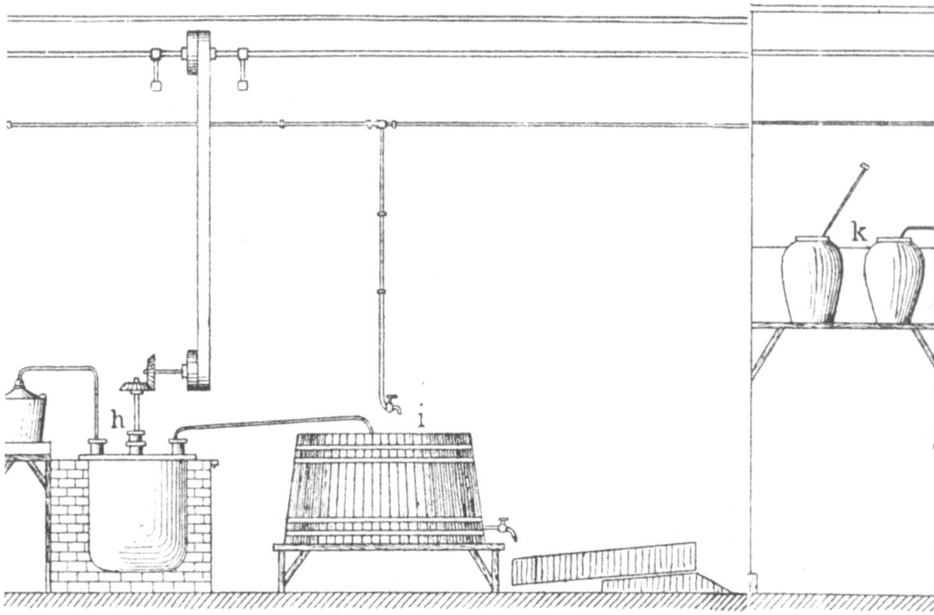


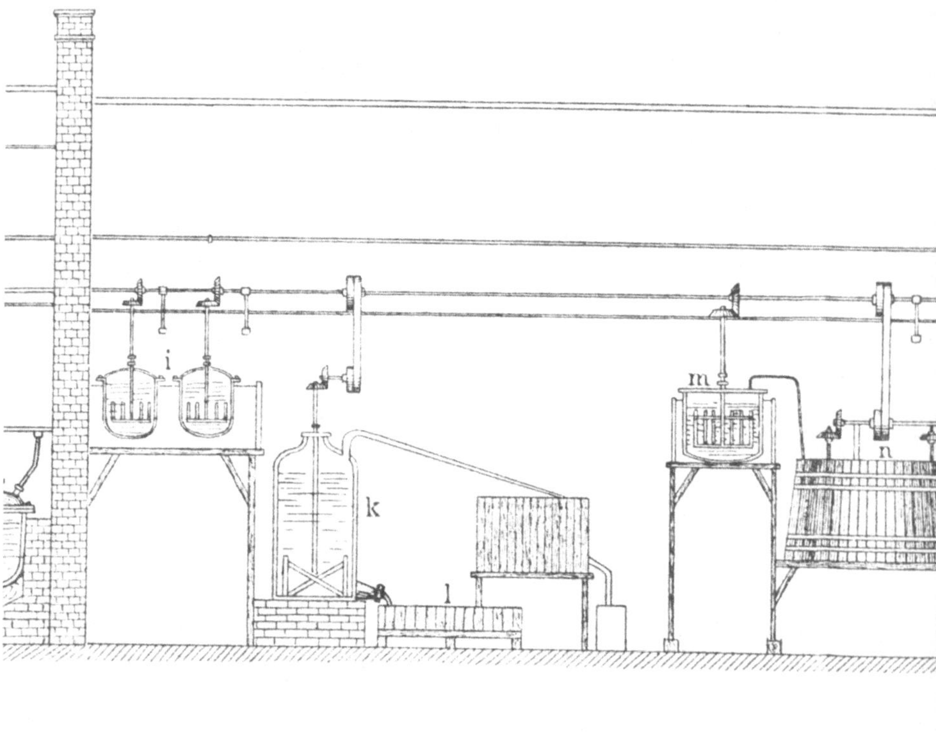


& COMP. in Leipzig.

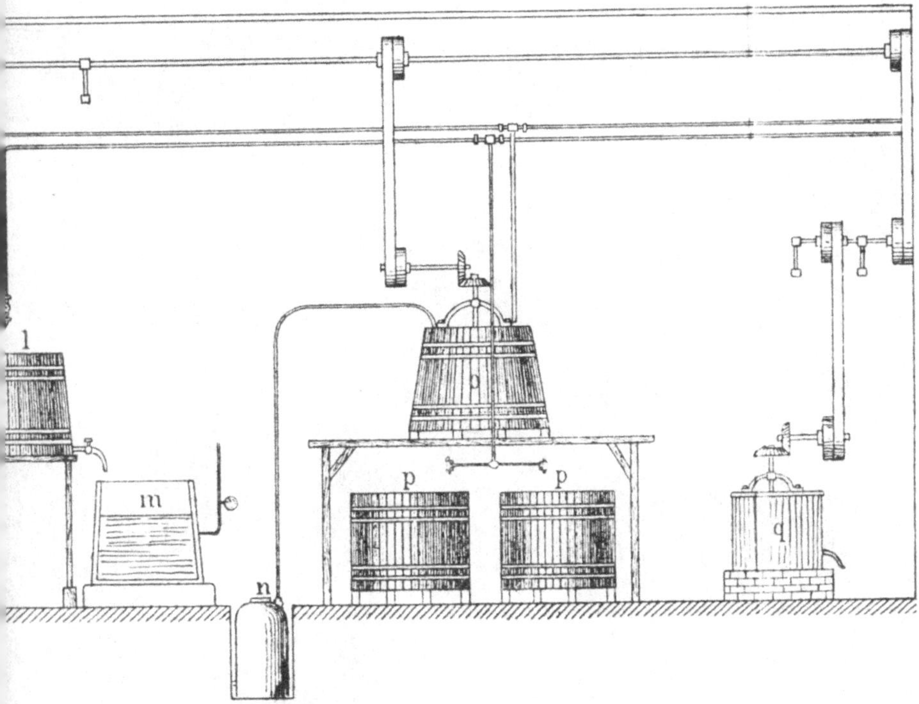
l
m
n
o
p
p
q

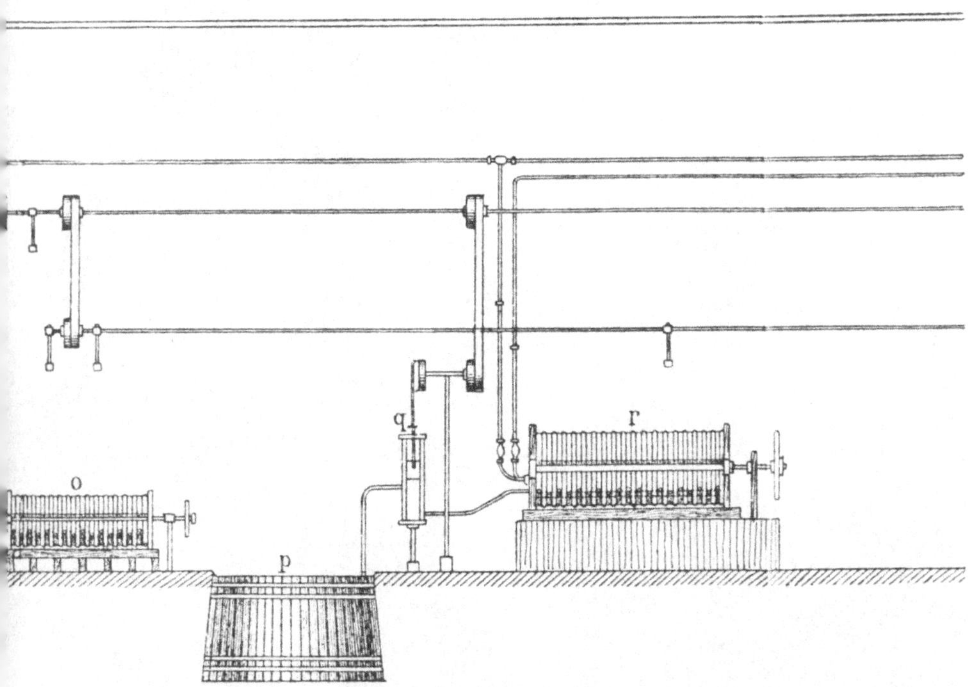
o
p
q
r

FSC
www.fsc.org
MIX
Papier | Fördert gute Waldnutzung
FSC® C083411

Zeitfracht Medien GmbH
Ferdinand-Jühlke-Straße 7
99095 Erfurt, Deutschland
produktsicherheit@kolibri360.de